日本大学付属高等学校等

基礎学力到達度テスト 問題と詳解

〈2024年度版〉

数 学

収録問題　令和2〜令和5年度
3年生 4月／9月（文系・理系）

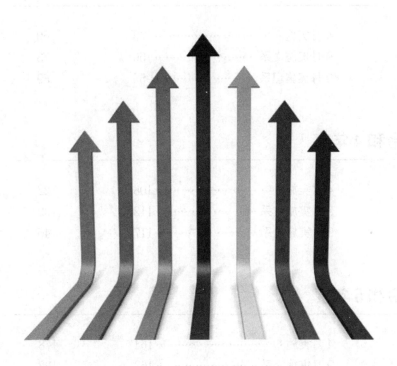

清水書院

目　次

デジタルドリル「ノウン」のご利用方法は巻末の綴じ込みをご覧ください。

令和 2 年度

基礎学力到達度テスト
問題と詳解

令和2年度　9月実施　文系

1 次の各問いに答えなさい。

(1) $x=\sqrt{7}-\sqrt{2}$, $y=\dfrac{5}{\sqrt{7}-\sqrt{2}}$ のとき

$$x+y=\boxed{\text{ア}}\sqrt{\boxed{\text{イ}}},\quad x^2+y^2=\boxed{\text{ウ}}\boxed{\text{エ}}$$

である。

(2) 次の13個のデータ

1, 1, 2, 3, 3, 5, 6, 8, 8, 8, 9, 9, 10

の箱ひげ図として正しいものは $\boxed{\text{オ}}$ である。$\boxed{\text{オ}}$ に最も適するものを下の選択肢から選び，番号で答えなさい。

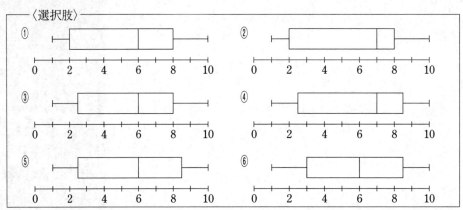

(3) 循環小数 $0.\dot{6}\dot{3}$ を分数で表すと

$$\frac{\boxed{\text{カ}}}{\boxed{\text{キ}}\boxed{\text{ク}}}$$

である。

(4) 整式 $x^3-9x^2+23x-5$ を整式 $x-4$ で割ると

商は　$x^2-\boxed{\text{ケ}}\,x+\boxed{\text{コ}}$

余りは　$\boxed{\text{サ}}$

である。

(5) △ABC において，AB $=4$, CA $=3$, $B=30°$ であるとき

$$\sin C=\frac{\boxed{\text{シ}}}{\boxed{\text{ス}}}$$

である。

（**1** は次ページに続く）

(6) $\vec{a}=(-3,\ 1),\ \vec{b}=(3,\ -4),\ \vec{c}=(-9,\ -12)$ のとき

$$\vec{c}=\boxed{\ \text{セ}\ }\vec{a}+\boxed{\ \text{ソ}\ }\vec{b}$$

である。

$\boxed{2}$ 1から6までの数が1つずつ書かれた6枚のカードの中から3枚を同時に取り出すとき，次の問いに答えなさい。

(1) 3枚のカードの取り出し方は全部で

$$\boxed{\ \text{ア}\ }\boxed{\ \text{イ}\ }\ 通り$$

ある。

(2) 取り出したカードの中に3の倍数が書かれたカードが少なくとも1枚含まれる確率は

$$\dfrac{\boxed{\ \text{ウ}\ }}{\boxed{\ \text{エ}\ }}$$

である。

(3) 取り出したカードに書かれた数の和が3の倍数になる確率は $\boxed{\ \text{オ}\ }$ である。$\boxed{\ \text{オ}\ }$ に最も適するものを下の選択肢から選び，番号で答えなさい。

〈選択肢〉

① $\dfrac{1}{5}$　　② $\dfrac{1}{4}$　　③ $\dfrac{17}{60}$　　④ $\dfrac{1}{3}$

⑤ $\dfrac{7}{20}$　　⑥ $\dfrac{2}{5}$　　⑦ $\dfrac{49}{120}$　　⑧ $\dfrac{9}{20}$

3 放物線 $y = -x^2 + 4x + 3$ ……① について，次の問いに答えなさい。

(1) 放物線①の頂点は

点(ア , イ)

である。

(2) $-2 \leqq x \leqq 5$ のとき，y の

最大値は ウ

最小値は エオ

である。

(3) 放物線①を y 軸方向に a だけ平行移動したグラフが x 軸と異なる2点で交わるとき，それらの交点を x 座標の小さいほうから A，B とする。AB $= 10$ となるとき

$a =$ カキ

である。

4 方程式 $x^2 + y^2 + 14x - 2y = a$ ……①

が円を表すとき，次の問いに答えなさい。ただし，a は定数とする。

(1) 円①の中心の座標は (アイ , ウ) である。

また，$a = 14$ のとき，円①の半径は エ である。

(2) 円①が y 軸と接するとき

$a =$ オカ

である。

(3) 円①が直線 $x + 2y + 20 = 0$ と接するとき

$a =$ キク

である。

5 次の各問いに答えなさい。

(1) $4\sqrt{3}\,\sin\theta+4\cos\theta=\boxed{\text{ア}}\sin\left(\theta+\dfrac{\pi}{\boxed{\text{イ}}}\right)$

である。

(2) $0<\theta<\dfrac{\pi}{2}$ のとき, $\sin\theta=\dfrac{\sqrt{2}}{10}$ ならば

$$\cos\left(\theta-\dfrac{\pi}{4}\right)=\dfrac{\boxed{\text{ウ}}}{\boxed{\text{エ}}}$$

である。

(3) $0\leqq\theta<2\pi$ のとき, 不等式 $2\cos\theta-\sqrt{2}\leqq0$ を満たす θ の値の範囲は

$$\boxed{\text{オ}}\leqq\theta\leqq\boxed{\text{カ}}$$

である。

$\boxed{\text{オ}}$, $\boxed{\text{カ}}$ に最も適するものをそれぞれ下の選択肢から選び, 番号で答えなさい。

〈選択肢〉

① 0	② $\dfrac{\pi}{4}$	③ $\dfrac{3}{4}\pi$	④ $\dfrac{5}{6}\pi$
⑤ $\dfrac{7}{6}\pi$	⑥ $\dfrac{5}{4}\pi$	⑦ $\dfrac{3}{2}\pi$	⑧ $\dfrac{7}{4}\pi$

6 次の各問いに答えなさい。

(1) $\left(\dfrac{1}{32}\right)^{-\frac{1}{2}}=\boxed{\text{ア}}\sqrt{\boxed{\text{イ}}}$ である。

(2) $\log_{3}9+\log_{\frac{1}{2}}8=\boxed{\text{ウ}}\boxed{\text{エ}}$ である。

(3) 不等式 $\log_{6}(8-x)+1<\log_{6}(x-1)$ の解は

$$\boxed{\text{オ}}<x<\boxed{\text{カ}}$$

である。

7

次の各問いに答えなさい。

(1) 関数 $y = x^3 + 9x^2 + 24x + 13$ は

$$x = \boxed{ア}\boxed{イ} \text{ のとき, 極小値 } \boxed{ウ}\boxed{エ}$$

をとる。

(2) 放物線 $y = x^2 + 7x + 10$ ……①

と x 軸, y 軸の交点を右の図のように A, B, C とする。
このとき, 線分 AB と線分 AC および放物線①で囲まれ
た右の斜線部分の面積は

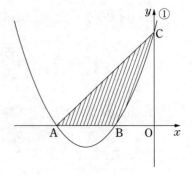

$$\frac{\boxed{オ}\boxed{カ}}{\boxed{キ}}$$

である。

8

次の各問いに答えなさい。

(1) 第4項が30, 第10項が72である等差数列 $\{a_n\}$ について, 一般項 a_n は

$$a_n = \boxed{ア}\,n + \boxed{イ}$$

である。

(2) 第2項が -6 で, 第2項から第4項までの和が -42 である等比数列 $\{b_n\}$ の

初項は $\boxed{ウ}$

公比は $\boxed{エ}\boxed{オ}$

である。ただし, 初項は正とする。

(3) $\displaystyle\sum_{k=1}^{14} \frac{1}{(k+1)(k+2)} = \frac{\boxed{カ}}{\boxed{キ}\boxed{ク}}$ である。

令和2年度　9月実施　理系

1 次の各問いに答えなさい。

(1) 2次関数 $y = x^2 + 8x + 11$ のグラフを x 軸方向に 3，y 軸方向に -5 だけ平行移動したグラフを表す式は

$$y = x^2 + \boxed{\text{ア}}\,x - \boxed{\text{イ}}$$

である。

(2) $\triangle$ABC において，AB $= 2$，CA $= \sqrt{2}$，$\angle A = 135°$ であるとき

$$\text{BC} = \sqrt{\boxed{\text{ウ}\,\text{エ}}}$$

である。

(3) 整式 $x^3 - x + 1$ を整式 $2x - 1$ で割ると，余りは

$$\frac{\boxed{\text{オ}}}{\boxed{\text{カ}}}$$

である。

(4) $\dfrac{13 - 9i}{1 - 3i} = \boxed{\text{キ}} + \boxed{\text{ク}}\,i$ である。ただし，i は虚数単位とする。

(5) 円 $x^2 + y^2 = 5$ と直線 $x - 2y = k$ が共有点をもつとき，定数 k のとり得る値の範囲は

$$\boxed{\text{ケ}\,\text{コ}} \leq k \leq \boxed{\text{サ}}$$

である。

(6) 鈍角 θ について，$\sin\theta = \dfrac{3}{5}$ のとき，$\sin 2\theta = \boxed{\text{シ}}$ である。$\boxed{\text{シ}}$ に最も適するものを下の選択肢から選び，番号で答えなさい。

〈選択肢〉

① $\dfrac{4}{5}$　　② $\dfrac{7}{25}$　　③ $\dfrac{12}{25}$　　④ $\dfrac{24}{25}$

⑤ $-\dfrac{4}{5}$　　⑥ $-\dfrac{7}{25}$　　⑦ $-\dfrac{12}{25}$　　⑧ $-\dfrac{24}{25}$

(7) 2つのベクトル $\vec{a} = (4,\ 7)$，$\vec{b} = (-1,\ 8)$ のなす角を θ とすると

$$\cos\theta = \frac{\boxed{\text{ス}}}{\boxed{\text{セ}}}$$

である。

（**1** は次ページに続く）

(8) 双曲線 $\dfrac{x^2}{5}-\dfrac{y^2}{3}=1$ の焦点は，2点 $\boxed{\text{ソ}}$ である。$\boxed{\text{ソ}}$ に最も適するものを下の
選択肢から選び，番号で答えなさい。

─〈選択肢〉─────────────────────────
① $(2,\ 0)$, $(-2,\ 0)$　　② $(\sqrt{2},\ 0)$, $(-\sqrt{2},\ 0)$
③ $(8,\ 0)$, $(-8,\ 0)$　　④ $(2\sqrt{2},\ 0)$, $(-2\sqrt{2},\ 0)$
⑤ $(0,\ 2)$, $(0,\ -2)$　　⑥ $(0,\ \sqrt{2})$, $(0,\ -\sqrt{2})$
⑦ $(0,\ 8)$, $(0,\ -8)$　　⑧ $(0,\ 2\sqrt{2})$, $(0,\ -2\sqrt{2})$

2 次の各問いに答えなさい。

(1) 積が4732で，最小公倍数が364である2つの正の整数の最大公約数は $\boxed{\text{ア}\ \text{イ}}$ である。

(2) ある高校のサッカー部35人とテニス部20人について，50m走のタイムを測定し，そのデー
タを下のような箱ひげ図に表した。下の選択肢①～④のうち，これらの箱ひげ図から読み取
れることとして正しいものは $\boxed{\text{ウ}}$ である。$\boxed{\text{ウ}}$ に最も適するものを選び，番号で答
えなさい。

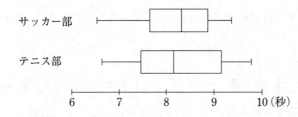

─〈選択肢〉─────────────────────────
① テニス部のタイムの中央値は，サッカー部のタイムの中央値より大きい。
② サッカー部のタイムの第3四分位数は，テニス部のタイムの第3四分位数より
　大きい。
③ サッカー部でタイムが9秒より速い人は，26人以下である。
④ テニス部でタイムが8秒より遅い人は，10人以上いる。

(3) 等式 $xy-3x+5y-19=0$ を満たす整数 x, y の組は，全部で $\boxed{\text{エ}}$ 組ある。

3 男子 5 人, 女子 3 人の計 8 人からくじ引きで 2 人の委員を選ぶとき, 次の問いに答えなさい。

(1) 委員の選び方の総数は

$$\boxed{ア}\boxed{イ} \text{ 通り}$$

ある。

(2) 男子 1 人, 女子 1 人が委員に選ばれる確率は

$$\dfrac{\boxed{ウ}\boxed{エ}}{\boxed{オ}\boxed{カ}}$$

である。

(3) 選ばれた 2 人の委員に少なくとも 1 人男子が含まれるとわかったときに, 委員が 2 人とも男子である条件付き確率は

$$\dfrac{\boxed{キ}}{\boxed{ク}}$$

である。

4 次の各問いに答えなさい。

(1) 3 次関数 $y=\dfrac{1}{3}x^3-x^2-3x$ について

$$\text{極大値は } \dfrac{\boxed{ア}}{\boxed{イ}}$$

である。

(2) 放物線 $y=x^2+ax+b$ ……① が
直線 $y=2x-1$ ……② と x 座標が 2 である点で接している。このとき

$$a=\boxed{ウ}\boxed{エ}, \quad b=\boxed{オ}$$

であり, 放物線①, 直線②および y 軸で囲まれた右図の斜線部分の面積は

$$\dfrac{\boxed{カ}}{\boxed{キ}}$$

である。

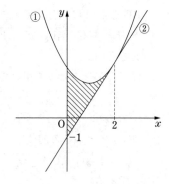

5

次の各問いに答えなさい。

(1) (i) $\sqrt[3]{54} \div 2\sqrt{3} \times 4^{\frac{1}{3}} = \sqrt{\boxed{\text{ア}}}$ である。

(ii) 不等式 $\log_2(x-5) + \log_2(x+2) < 3$ の解は

$$\boxed{\text{イ}} < x < \boxed{\text{ウ}}$$

である。

(iii) 関数 $y = \left(\dfrac{1}{9}\right)^x - 2\left(\dfrac{1}{3}\right)^{x-1}$

の最小値は $\boxed{\text{エ}}\boxed{\text{オ}}$ である。

(2) $0 \le \theta < 2\pi$ のとき,$2\sin^2\theta + \cos\theta - 1 = 0$ を満たす θ の値は

$$\theta = \boxed{\text{カ}}, \boxed{\text{キ}}, \boxed{\text{ク}}$$

である。$\boxed{\text{カ}}, \boxed{\text{キ}}, \boxed{\text{ク}}$ に最も適するものを下の選択肢から選び,番号で答えなさい。ただし,$\boxed{\text{カ}} < \boxed{\text{キ}} < \boxed{\text{ク}}$ とする。

〈選択肢〉

① 0　　② $\dfrac{\pi}{6}$　　③ $\dfrac{\pi}{3}$　　④ $\dfrac{\pi}{2}$　　⑤ $\dfrac{2}{3}\pi$

⑥ $\dfrac{5}{6}\pi$　　⑦ π　　⑧ $\dfrac{7}{6}\pi$　　⑨ $\dfrac{4}{3}\pi$

6

1辺の長さが2である正六角形 ABCDEF において,線分 BD を $2:1$ に内分する点を G,線分 AG と線分 BF の交点を H とする。$\overrightarrow{\text{AB}} = \vec{a}$,$\overrightarrow{\text{AF}} = \vec{b}$ とするとき,次の問いに答えなさい。

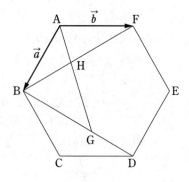

(1) $\overrightarrow{\text{AD}}$ を $\vec{a}$ と $\vec{b}$ を用いて表すと

$$\overrightarrow{\text{AD}} = \boxed{\text{ア}}\,\vec{a} + \boxed{\text{イ}}\,\vec{b}$$

である。

(2) $\overrightarrow{\text{AC}}$ と $\overrightarrow{\text{AE}}$ の内積は

$$\overrightarrow{\text{AC}} \cdot \overrightarrow{\text{AE}} = \boxed{\text{ウ}}$$

である。

(3) $\overrightarrow{\text{AH}}$ を $\vec{a}$ と $\vec{b}$ を用いて表すと

$$\overrightarrow{\text{AH}} = \frac{\boxed{\text{エ}}}{\boxed{\text{オ}}}\,\vec{a} + \frac{\boxed{\text{カ}}}{\boxed{\text{キ}}}\,\vec{b}$$

である。

7 次の各問いに答えなさい。

(1) 第13項が -17，第30項が -51 である等差数列 $\{a_n\}$ の一般項 a_n は
$$a_n = \boxed{\text{ア}\ \text{イ}}\, n + \boxed{\text{ウ}}$$
である。

(2) 数列 $\{b_n\}$ に対して $c_n = 2n + b_n$ とおく。数列 $\{c_n\}$ が初項 -3，公比 -2 の等比数列であるとき
$$b_6 = \boxed{\text{エ}\ \text{オ}}$$
である。

(3) $1,\ 1+2,\ 1+2+3,\ 1+2+3+4,\ \cdots\cdots$

のように，n 番目の項が 1 から n までの連続した自然数の和である数列について，初項から第17項までの和は $\boxed{\text{カ}\ \text{キ}\ \text{ク}}$ である。

8 次の各問いに答えなさい。ただし，i は虚数単位とする。

(1) 複素数 $\dfrac{1+\sqrt{3}\,i}{\sqrt{2}}$ を極形式で表すと
$$\sqrt{\boxed{\text{ア}}}\left(\cos\frac{\pi}{\boxed{\text{イ}}} + i\sin\frac{\pi}{\boxed{\text{イ}}}\right)$$
である。ただし，$0 \le \dfrac{\pi}{\boxed{\text{イ}}} < \pi$ とする。

(2) $\left(\dfrac{1+\sqrt{3}\,i}{\sqrt{2}}\right)^{12} = \boxed{\text{ウ}\ \text{エ}}$
である。

(3) 複素数平面上の点 $\sqrt{3}-5i$ を，原点を中心として $\dfrac{\pi}{6}$ だけ回転した点を表す複素数は
$$\boxed{\text{オ}} - \boxed{\text{カ}}\sqrt{\boxed{\text{キ}}}\,i$$
である。

令和2年度　9月実施　文系　解答と解説

1
次の各問いに答えなさい。

(1) $x=\sqrt{7}-\sqrt{2}$, $y=\dfrac{5}{\sqrt{7}-\sqrt{2}}$ のとき

$$x+y=\boxed{\ \text{ア}\ }\sqrt{\boxed{\ \text{イ}\ }},\quad x^2+y^2=\boxed{\ \text{ウ}\ \text{エ}\ }$$

である。

(2) 次の13個のデータ

　　　1, 1, 2, 3, 3, 5, 6, 8, 8, 8, 9, 9, 10

の箱ひげ図として正しいものは $\boxed{\ \text{オ}\ }$ である。$\boxed{\ \text{オ}\ }$ に最も適するものを下の選択肢から選び，番号で答えなさい。

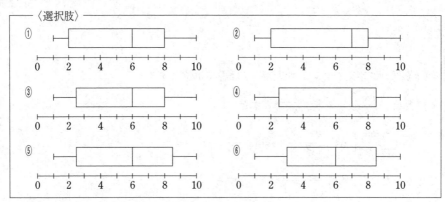

(3) 循環小数 $0.\dot{6}\dot{3}$ を分数で表すと

$$\dfrac{\boxed{\ \text{カ}\ }}{\boxed{\ \text{キ}\ \text{ク}\ }}$$

である。

(4) 整式 $x^3-9x^2+23x-5$ を整式 $x-4$ で割ると

　　　商は　$x^2-\boxed{\ \text{ケ}\ }x+\boxed{\ \text{コ}\ }$

　　　余りは　$\boxed{\ \text{サ}\ }$

である。

(5) $\triangle ABC$ において，$AB=4$，$CA=3$，$B=30°$ であるとき

$$\sin C=\dfrac{\boxed{\ \text{シ}\ }}{\boxed{\ \text{ス}\ }}$$

である。

(6) $\vec{a}=(-3,\ 1)$，$\vec{b}=(3,\ -4)$，$\vec{c}=(-9,\ -12)$ のとき

$$\vec{c}=\boxed{\ \text{セ}\ }\vec{a}+\boxed{\ \text{ソ}\ }\vec{b}$$

である。

解 答

(1) $x = \sqrt{7} - \sqrt{2}$

$$y = \frac{5}{\sqrt{7} - \sqrt{2}} = \frac{5}{\sqrt{7} - \sqrt{2}} \cdot \frac{\sqrt{7} + \sqrt{2}}{\sqrt{7} + \sqrt{2}} = \frac{5(\sqrt{7} + \sqrt{2})}{7 - 2} = \sqrt{7} + \sqrt{2}$$

よって，$x + y = (\sqrt{7} - \sqrt{2}) + (\sqrt{7} + \sqrt{2}) = \mathbf{2\sqrt{7}}$

また，$xy = (\sqrt{7} - \sqrt{2})(\sqrt{7} + \sqrt{2}) = 7 - 2 = 5$

したがって，$x^2 + y^2 = (x + y)^2 - 2xy = (2\sqrt{7})^2 - 2 \times 5 = 28 - 10 = \mathbf{18}$

> **【参考】対称式の変形**
>
> $x^2 + y^2 = (x + y)^2 - 2xy$
>
> $x^3 + y^3 = (x + y)^3 - 3xy(x + y)$

答（**ア**）**2** （**イ**）**7** （**ウ**）**1** （**エ**）**8**

(2) 13個のデータの第1四分位数，中央値(第2四分位数)，第3四分位数は次の通りである。

$$1,\ 1,\ 2,\ 3,\ 3,\ 5,\ 6,\ 8,\ 8,\ 8,\ 9,\ 9,\ 10$$

第1四分位数　　中央値　　第3四分位数

データが13個であるから，

第1四分位数は，小さい方から数えて3番目と4番目の数の平均で，$\dfrac{2 + 3}{2} = 2.5$

中央値(第2四分位数)は，小さい方から数えて7番目の数で6

第3四分位数は，小さい方から数えて10番目と11番目の数の平均で，$\dfrac{8 + 9}{2} = 8.5$

また，データの最小値は1，最大値は10より，求める箱ひげ図は次のようになる。

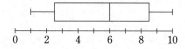

答（**オ**）⑤

(3) $x = 0.\dot{6}\dot{3}$ とすると，

$$x = 0.63636363\cdots\cdots \quad \cdots\cdots ①$$

また，x を100倍すると

$$100x = 63.63636363\cdots\cdots \quad \cdots\cdots ②$$

②−①より

$$
\begin{array}{r}
100x = 63.63636363\cdots\cdots \\
-\ )\quad x = \ \ 0.63636363\cdots\cdots \\
\hline
99x = 63 \quad\quad\quad\quad
\end{array}
$$

よって，$x = \dfrac{63}{99} = \dfrac{\mathbf{7}}{\mathbf{11}}$

答（**カ**）**7** （**キ**）**1** （**ク**）**1**

(4)

$$
\begin{array}{r}
x^2 - 5x + 3 \\
x - 4 \overline{\smash{)}\ x^3 - 9x^2 + 23x - 5} \\
\underline{x^3 - 4x^2} \\
-5x^2 + 23x \\
\underline{-5x^2 + 20x} \\
3x - 5 \\
\underline{3x - 12} \\
7
\end{array}
$$

上記の筆算より，商は $x^2 - 5x + 3$，余りは **7**

答（**ケ**）**5** （**コ**）**3** （**サ**）**7**

(5)　正弦定理 $\dfrac{\mathrm{CA}}{\sin B}=\dfrac{\mathrm{AB}}{\sin C}$ より,

$$\sin C=\dfrac{\mathrm{AB}}{\mathrm{CA}}\sin B$$

よって,　$\sin C=\dfrac{4}{3}\sin 30°$

$$=\dfrac{4}{3}\cdot\dfrac{1}{2}=\dfrac{2}{3}$$

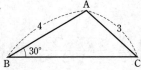

答　(シ) **2**　(ス) **3**

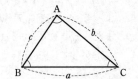

【参考】正弦定理

$$\dfrac{a}{\sin A}=\dfrac{b}{\sin B}=\dfrac{c}{\sin C}=2R$$

（R は △ABC の外接円の半径）

【注】　条件に合う図形は △ABC と △ABC′ の2通り考えられるが, $\sin C$ と $\sin C′$ の値はいずれの場合も同じである。

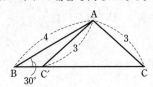

(6)　$\vec{a}=(-3,\ 1)$, $\vec{b}=(3,\ -4)$, $\vec{c}=(-9,\ -12)$ において,

$$\vec{c}=m\vec{a}+n\vec{b}\quad(m,\ n\ は実数)$$

とすると,

$$(-9,\ -12)=m(-3,\ 1)+n(3,\ -4)$$
$$=(-3m+3n,\ m-4n)$$

よって, $-3m+3n=-9$　……①

$$m-4n=-12\qquad……②$$

①, ②より, $m=8$, $n=5$

したがって, $\vec{c}=8\vec{a}+5\vec{b}$

答　(セ) **8**　(ソ) **5**

2 1から6までの数が1つずつ書かれた6枚のカードの中から3枚を同時に取り出すとき，次の問いに答えなさい。

(1) 3枚のカードの取り出し方は全部で

$$\boxed{ア}\boxed{イ} \text{ 通り}$$

ある。

(2) 取り出したカードの中に3の倍数が書かれたカードが少なくとも1枚含まれる確率は

$$\frac{\boxed{ウ}}{\boxed{エ}}$$

である。

(3) 取り出したカードに書かれた数の和が3の倍数になる確率は $\boxed{オ}$ である。$\boxed{オ}$ に最も適するものを下の選択肢から選び，番号で答えなさい。

〈選択肢〉

① $\dfrac{1}{5}$　② $\dfrac{1}{4}$　③ $\dfrac{17}{60}$　④ $\dfrac{1}{3}$

⑤ $\dfrac{7}{20}$　⑥ $\dfrac{2}{5}$　⑦ $\dfrac{49}{120}$　⑧ $\dfrac{9}{20}$

解　答

(1) 異なる6枚のカードから3枚を同時に取り出す場合の数の総数は

$$_6C_3 = \frac{_6P_3}{3!} = \frac{6\cdot5\cdot4}{3\cdot2\cdot1} = 20$$

よって，**20通り**

【参考】組み合わせの総数

異なる n 個のものから r 個取る組み合わせの総数は

$$_nC_r = \frac{_nP_r}{r!} \text{(通り)}$$

答（**ア**）**2**　（**イ**）**0**

(2) 「取り出したカードの中に3の倍数が含まれない」事象の余事象の確率を考える。

3の倍数ではないカードは，$\boxed{1}$，$\boxed{2}$，$\boxed{4}$，$\boxed{5}$ の4枚であるから，求める確率は，

$$1 - \frac{_4C_3}{20} = 1 - \frac{4}{20} = \frac{4}{5}$$

答（**ウ**）**4**　（**エ**）**5**

(3) 3枚のカードの数の和が3の倍数になるカードの組み合わせは，

(1, 2, 3), (1, 2, 6), (1, 3, 5), (1, 5, 6)

(2, 3, 4), (2, 4, 6), (3, 4, 5), (4, 5, 6)

の8通り。

よって，求める確率は，$\dfrac{8}{20} = \dfrac{2}{5}$

答（**オ**）⑥

3 放物線 $y=-x^2+4x+3$ ……① について，次の問いに答えなさい。

(1) 放物線①の頂点は
$$点(\boxed{\text{ア}}, \boxed{\text{イ}})$$
である。

(2) $-2\leqq x\leqq 5$ のとき，y の
$$最大値は \boxed{\text{ウ}}$$
$$最小値は \boxed{\text{エ}\,\text{オ}}$$
である。

(3) 放物線①を y 軸方向に a だけ平行移動したグラフが x 軸と異なる2点で交わるとき，それらの交点を x 座標の小さいほうから A，B とする。AB=10 となるとき
$$a=\boxed{\text{カ}\,\text{キ}}$$
である。

（解 答）

(1)
$$y=-x^2+4x+3$$
$$=-(x^2-4x)+3$$
$$=-\{(x-2)^2-4\}+3$$
$$=-(x-2)^2+4+3$$
$$=-(x-2)^2+7$$

よって，放物線①の頂点は，点$(2, 7)$

答 （ア）**2** （イ）**7**

(2) $-2\leqq x\leqq 5$ のとき，放物線①のグラフは右のようになる。

右のグラフより，

y は，$x=2$ で最大となり，$x=-2$ で最小となる。

$x=-2$ のとき，$y=-(-2-2)^2+7=-16+7=-9$

よって，最大値は**7**，最小値は**-9**

答 （ウ）**7** （エ）**-** （オ）**9**

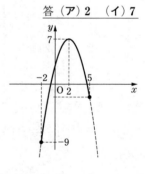

(3) 放物線①を y 軸方向に a だけ平行移動した放物線の式は，
$$y=-(x-2)^2+7+a$$
$$=-x^2+4x+3+a \quad ……②$$

放物線①を平行移動した放物線と x 軸との交点を A，B とするとき，AB=10 となるのは次ページの図のときである。

このとき，2点 A，B は放物線の軸 $x=2$ に関して対称であるから，それぞれの座標は，
$$A(-3, 0), \quad B(7, 0)$$

よって，放物線②の式は，
$$y=-(x+3)(x-7)$$

【参考】グラフの平行移動

関数 $y=f(x)$ を x 軸方向へ p，y 軸方向へ q だけ平行移動したグラフの式は，
$$y-q=f(x-p)$$

【参考】放物線の式

2点$(p, 0)$，$(q, 0)$ を通る放物線の式は
$$y=a(x-p)(x-q)$$

$$= -x^2 + 4x + 21 \quad \cdots\cdots ③$$

②と③を比較すると，

$$3 + a = 21$$

よって，$a = 18$

答（カ）1　（キ）8

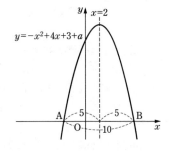

【別解】　放物線②と x 軸の交点の座標は，

$$-(x-2)^2 + 7 + a = 0$$
$$(x-2)^2 = 7 + a$$
$$x - 2 = \pm\sqrt{7+a}$$
$$x = 2 \pm \sqrt{7+a}$$

AB=10 より

$$(2 + \sqrt{7+a}) - (2 - \sqrt{7+a}) = 10$$
$$2\sqrt{7+a} = 10$$
$$\sqrt{7+a} = 5$$

両辺を 2 乗すると，　　$7 + a = 25$

よって，　　　　　　　　$a = 18$

---

4 方程式 $x^2 + y^2 + 14x - 2y = a$ ……①

　が円を表すとき，次の問いに答えなさい。ただし，a は定数とする。

(1)　円①の中心の座標は （ ア イ ，　 ウ 　）である。

　　また，$a = 14$ のとき，円①の半径は 　 エ 　 である。

(2)　円①が y 軸と接するとき

$$a = \boxed{オ カ}$$

　　である。

(3)　円①が直線 $x + 2y + 20 = 0$ と接するとき

$$a = \boxed{キ ク}$$

　　である。

解 答

(1)　円①の方程式を x, y についてそれぞれ平方完成

　すると

$$x^2 + y^2 + 14x - 2y = a$$
$$(x+7)^2 - 49 + (y-1)^2 - 1 = a$$
$$(x+7)^2 + (y-1)^2 = a + 50$$

よって，

　　　円①の中心の座標は　$(-7, 1)$

　　　半径は　$\sqrt{a+50}$　（ただし，$a > -50$）

であるから，$a = 14$ のとき，円の半径は

【参考】円の方程式

中心が (p, q)，半径が r の円の方程式は，

$$(x-p)^2 + (y-q)^2 = r^2$$

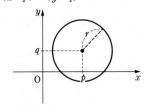

$$\sqrt{14+50}=\sqrt{64}=8$$

答 (ア)－ (イ) 7 (ウ) 1 (エ) 8

(2) 円①が y 軸に接するとき，円の半径は 7 である。

よって， $\sqrt{a+50}=7$

両辺を 2 乗して， $a+50=49$

よって $a=-1$

答 (オ)－ (カ) 1

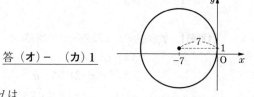

(3) 円①が直線 $x+2y+20=0$ と接するとき，

円の中心 $(-7,\ 1)$ と直線 $x+2y+20=0$ の距離 d は

円の半径 $\sqrt{a+50}$ と等しくなるから

$$d=\frac{|1\cdot(-7)+2\cdot1+20|}{\sqrt{1^2+2^2}}=\sqrt{a+50}$$

$$\frac{|15|}{\sqrt{5}}=\sqrt{a+50}$$

$$3\sqrt{5}=\sqrt{a+50}$$

両辺を 2 乗して， $45=a+50$

よって $a=-5$

答 (キ)－ (ク) 5

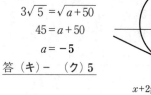

$x+2y+20=0$

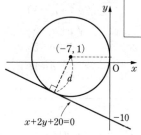

【参考】点と直線の距離

直線 $ax+by+c=0$ と

点 $(x_1,\ y_1)$ の距離 d は

$$d=\frac{|ax_1+by_1+c|}{\sqrt{a^2+b^2}}$$

---

5 次の各問いに答えなさい。

(1) $4\sqrt{3}\,\sin\theta+4\cos\theta=\boxed{\ \text{ア}\ }\sin\left(\theta+\dfrac{\pi}{\boxed{\ \text{イ}\ }}\right)$

である。

(2) $0<\theta<\dfrac{\pi}{2}$ のとき，$\sin\theta=\dfrac{\sqrt{2}}{10}$ ならば

$$\cos\left(\theta-\frac{\pi}{4}\right)=\frac{\boxed{\ \text{ウ}\ }}{\boxed{\ \text{エ}\ }}$$

である。

(3) $0\leqq\theta<2\pi$ のとき，不等式 $2\cos\theta-\sqrt{2}\leqq0$ を満たす θ の値の範囲は

$$\boxed{\ \text{オ}\ }\leqq\theta\leqq\boxed{\ \text{カ}\ }$$

である。

$\boxed{\ \text{オ}\ }$，$\boxed{\ \text{カ}\ }$ に最も適するものをそれぞれ下の選択肢から選び，番号で答えなさい。

〈選択肢〉

① 0　　② $\dfrac{\pi}{4}$　　③ $\dfrac{3}{4}\pi$　　④ $\dfrac{5}{6}\pi$

⑤ $\dfrac{7}{6}\pi$　　⑥ $\dfrac{5}{4}\pi$　　⑦ $\dfrac{3}{2}\pi$　　⑧ $\dfrac{7}{4}\pi$

解　答

(1) 三角関数の合成をする。

$$4\sqrt{3}\sin\theta + 4\cos\theta$$

$$= \sqrt{(4\sqrt{3})^2 + 4^2}\,\sin\left(\theta + \frac{\pi}{6}\right)$$

$$= 8\sin\left(\theta + \frac{\pi}{6}\right)$$

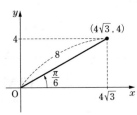

【参考】三角関数の合成

$$a\sin\theta + b\cos\theta = \sqrt{a^2 + b^2}\,\sin(\theta + \alpha)$$

ただし，$\sin\alpha = \dfrac{b}{\sqrt{a^2+b^2}}$，$\cos\alpha = \dfrac{a}{\sqrt{a^2+b^2}}$

答　(ア) 8　(イ) 6

(2) $0 < \theta < \dfrac{\pi}{2}$ より，$0 < \cos\theta < 1$ なので，

$$\cos\theta = \sqrt{1 - \sin^2\theta} = \sqrt{1 - \left(\frac{\sqrt{2}}{10}\right)^2} = \frac{7\sqrt{2}}{10}$$

加法定理より，

$$\cos\left(\theta - \frac{\pi}{4}\right) = \cos\theta\cos\frac{\pi}{4} + \sin\theta\sin\frac{\pi}{4}$$

$$= \frac{7\sqrt{2}}{10}\cdot\frac{1}{\sqrt{2}} + \frac{\sqrt{2}}{10}\cdot\frac{1}{\sqrt{2}}$$

$$= \frac{7}{10} + \frac{1}{10} = \frac{4}{5}$$

【参考】加法定理

$$\sin(\alpha + \beta) = \sin\alpha\cos\beta + \cos\alpha\sin\beta$$
$$\sin(\alpha - \beta) = \sin\alpha\cos\beta - \cos\alpha\sin\beta$$
$$\cos(\alpha + \beta) = \cos\alpha\cos\beta - \sin\alpha\sin\beta$$
$$\cos(\alpha - \beta) = \cos\alpha\cos\beta + \sin\alpha\sin\beta$$
$$\tan(\alpha + \beta) = \frac{\tan\alpha + \tan\beta}{1 - \tan\alpha\tan\beta}$$
$$\tan(\alpha - \beta) = \frac{\tan\alpha - \tan\beta}{1 + \tan\alpha\tan\beta}$$

答　(ウ) 4　(エ) 5

(3) $2\cos\theta - \sqrt{2} \leqq 0$ より

$$\cos\theta \leqq \frac{\sqrt{2}}{2}$$

$0 \leqq \theta < 2\pi$ の範囲で $\cos\theta = \dfrac{\sqrt{2}}{2}$ となるのは，

$$\theta = \frac{\pi}{4},\ \frac{7}{4}\pi$$

右図より，不等式 $\cos\theta \leqq \dfrac{\sqrt{2}}{2}$ を満たす範囲は，

$$\frac{\pi}{4} \leqq \theta \leqq \frac{7}{4}\pi$$

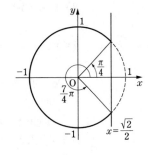

答　(オ) ②　(カ) ⑧

$\boxed{6}$ 次の各問いに答えなさい。

(1) $\left(\dfrac{1}{32}\right)^{-\frac{1}{2}} = \boxed{\ \text{ア}\ }\sqrt{\boxed{\ \text{イ}\ }}$ である。

(2) $\log_3 9 + \log_{\frac{1}{2}} 8 = \boxed{\text{ウ}\ \text{エ}}$ である。

(3) 不等式 $\log_6(8-x)+1<\log_6(x-1)$ の解は

$\boxed{\ \text{オ}\ }<x<\boxed{\ \text{カ}\ }$

である。

解 答

(1) $\left(\dfrac{1}{32}\right)^{-\frac{1}{2}} = 32^{\frac{1}{2}} = \sqrt{32} = 4\sqrt{2}$

答 （ア）**4** （イ）**2**

(2) $\log_3 9 = \log_3 3^2 = 2\log_3 3 = 2$

$\log_{\frac{1}{2}} 8 = \dfrac{\log_2 8}{\log_2 \frac{1}{2}} = \dfrac{\log_2 2^3}{\log_2 2^{-1}} = \dfrac{3\log_2 2}{-\log_2 2} = \dfrac{3}{-1} = -3$

よって，

$\log_3 9 + \log_{\frac{1}{2}} 8 = 2 + (-3) = -1$

答 （ウ）**−** （エ）**1**

(3) $\log_6(8-x)+1<\log_6(x-1)$

真数条件より

$8-x>0$ かつ $x-1>0$

よって

$1<x<8$ ……①

また，

$\log_6(8-x)+1<\log_6(x-1)$

$\log_6(8-x)+\log_6 6<\log_6(x-1)$

$\log_6 6(8-x)<\log_6(x-1)$

底6は1より大きいから

$6(8-x)<x-1$

よって $48-6x<x-1$

$-7x<-49$

$x>7$ ……②

①，②の共通範囲をとり，**7<x<8**

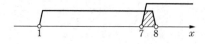

答 （オ）**7** （カ）**8**

【参考】指数法則

$a^m \times a^n = a^{m+n}$, $a^m \div a^n = a^{m-n}$,

$(a^m)^n = a^{mn}$

$a^{-p} = \dfrac{1}{a^p}$, $a^{\frac{n}{m}} = \sqrt[m]{a^n}$

【参考】対数の性質

和：$\log_a x + \log_a y = \log_a xy$

差：$\log_a x - \log_a y = \log_a \dfrac{x}{y}$

定数倍：$k\log_a x = \log_a x^k$

底の変換：$\log_x y = \dfrac{\log_a y}{\log_a x}$ $(a>0)$

【参考】真数条件

対数における真数は正でなければならない。すなわち，対数 $\log_a x$ は $x>0$ でなければならない。

【参考】底の範囲と不等式

$a>1$ のとき，

$\log_a x > \log_a y \iff x>y>0$

$0<a<1$ のとき，

$\log_a x > \log_a y \iff 0<x<y$

7 次の各問いに答えなさい。

(1) 関数 $y = x^3 + 9x^2 + 24x + 13$ は

$$x = \boxed{\text{ア}\,\text{イ}}\ \text{のとき,極小値}\ \boxed{\text{ウ}\,\text{エ}}$$

をとる。

(2) 放物線 $y = x^2 + 7x + 10$ ……①

と x 軸,y 軸の交点を右の図のように A,B,C とする。
このとき,線分 AB と線分 AC および放物線①で囲まれた
右の斜線部分の面積は

$$\frac{\boxed{\text{オ}\,\text{カ}}}{\boxed{\text{キ}}}$$

である。

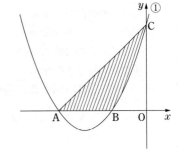

解 答

(1) $y = x^3 + 9x^2 + 24x + 13$ を x で微分すると,

$$y' = 3x^2 + 18x + 24$$

$y' = 0$ のとき,

$$3x^2 + 18x + 24 = 0$$
$$x^2 + 6x + 8 = 0$$
$$(x+4)(x+2) = 0$$
$$x = -4,\ -2$$

すなわち,$x = -4,\ -2$ で極値をとり,増減表は下の表のようになる。

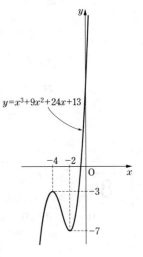

x	$\cdots$	-4	$\cdots$	-2	$\cdots$
y'	$+$	0	$-$	0	$+$
y	↗	極大値	↘	極小値	↗

増減表より,y は $x = -2$ で極小値をとる。($x = -4$ で極大値をとる。)

$x = -2$ のとき,

$$y = (-2)^3 + 9 \cdot (-2)^2 + 24 \cdot (-2) + 13$$
$$= -8 + 36 - 48 + 13$$
$$= -7$$

よって,$x = \mathbf{-2}$ のとき,極小値 $\mathbf{-7}$ をとる。

答 (ア)− (イ)**2** (ウ)− (エ)**7**

(2) 放物線 $y = x^2 + 7x + 10$ ……①

放物線①と x 軸との交点 A，B の座標は，

$x^2 + 7x + 10 = 0$ より

$(x+2)(x+5) = 0$

$x = -2, -5$

よって，A$(-5, 0)$，B$(-2, 0)$ である。

また，放物線①と y 軸との交点 C の座標は，

①において，$x = 0$ のとき，$y = 0^2 + 7 \cdot 0 + 10 = 10$

よって，C$(0, 10)$ である。

求める斜線部分の面積は

$\triangle$AOC－図形 BOC（ ⬛ の図形）

$= \triangle$AOC$- \displaystyle\int_{-2}^{0} (x^2 + 7x + 10)\,dx$

$= \dfrac{1}{2} \cdot 5 \cdot 10 - \left[\dfrac{1}{3}x^3 + \dfrac{7}{2}x^2 + 10x \right]_{-2}^{0}$

$= 25 - \left\{ 0 - \left(\dfrac{1}{3} \cdot (-2)^3 + \dfrac{7}{2} \cdot (-2)^2 + 10 \cdot (-2) \right) \right\}$

$= 25 + \left(-\dfrac{8}{3} + 14 - 20 \right)$

$= 25 - \dfrac{26}{3}$

$= \dfrac{49}{3}$

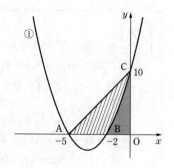

答 （オ）4 （カ）9 （キ）3

【参考】曲線に囲まれた図形の面積

曲線 $y = f(x)$ と x 軸，2直線 $x = a$，
$x = b$ で囲まれた図形の面積 S は

$$S = \int_{a}^{b} f(x)\,dx$$

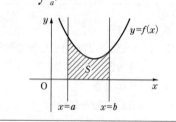

---

8 次の各問いに答えなさい。

(1) 第4項が30，第10項が72である等差数列 $\{a_n\}$ について，一般項 a_n は

$a_n = \boxed{\text{ア}}\,n + \boxed{\text{イ}}$

である。

(2) 第2項が-6で，第2項から第4項までの和が-42である等比数列 $\{b_n\}$ の

初項は $\boxed{\text{ウ}}$

公比は $\boxed{\text{エ}\,\text{オ}}$

である。ただし，初項は正とする。

(3) $\displaystyle\sum_{k=1}^{14} \dfrac{1}{(k+1)(k+2)} = \dfrac{\boxed{\text{カ}}}{\boxed{\text{キ}\,\text{ク}}}$ である。

― 24 ―

解 答

(1) 等差数列 $\{a_n\}$ の初項を a, 公差を d とすると,

$$a_4 = a + (4-1)d = 30 \quad \text{より} \quad a + 3d = 30 \quad \cdots\cdots ①$$
$$a_{10} = a + (10-1)d = 72 \quad \text{より} \quad a + 9d = 72 \quad \cdots\cdots ②$$

②$-$①より

$$6d = 42$$
$$d = 7$$

①に代入して,

$$a + 3 \cdot 7 = 30$$
$$a = 30 - 21$$
$$a = 9$$

よって, 等差数列の一般項 a_n は

$$a_n = 9 + (n-1) \cdot 7$$
$$= 9 + 7n - 7$$
$$= \boldsymbol{7n + 2}$$

【参考】等差数列の一般項

初項 a, 公差 d である等差数列の一般項 a_n は
$$a_n = a + (n-1)d$$

答 (ア) **7** (イ) **2**

(2) 等比数列 $\{b_n\}$ の初項を b(ただし, $b > 0$), 公比を r とすると,

$$b_2 = br^{2-1} = -6 \quad \text{より} \quad br = -6 \quad \cdots\cdots ①$$
$$b_2 + b_3 + b_4 = br + br^{3-1} + br^{4-1} = -42 \quad \text{より}$$
$$br + br^2 + br^3 = -42 \quad \cdots\cdots ②$$

①を②に代入すると,

$$-6 + (-6)r + (-6)r^2 = -42$$

両辺を -6 で割ると

$$1 + r + r^2 = 7$$

よって,

$$r^2 + r - 6 = 0$$
$$(r+3)(r-2) = 0$$
$$r = -3, \ 2$$

ここで, ①と条件 $b > 0$ より $r < 0$

よって, $r = -3$

これを①に代入して,

$$b \cdot (-3) = -6$$
$$b = 2$$

よって, 等比数列 $\{b_n\}$ の初項は **2**, 公比は -3 である。

【参考】等比数列の一般項

初項 b, 公比 r の等比数列の一般項 b_n は
$$b_n = br^{n-1}$$

答 (ウ) **2** (エ) $-$ (オ) **3**

(3) $\dfrac{1}{(k+1)(k+2)} = \dfrac{1}{k+1} - \dfrac{1}{k+2}$ より

$$\sum_{k=1}^{14} \dfrac{1}{(k+1)(k+2)} = \sum_{k=1}^{14} \left(\dfrac{1}{k+1} - \dfrac{1}{k+2} \right)$$

$$= \left(\dfrac{1}{1+1} - \dfrac{1}{\cancel{1+2}} \right) + \left(\dfrac{1}{\cancel{2+1}} - \dfrac{1}{\cancel{2+2}} \right) + \left(\dfrac{1}{\cancel{3+1}} - \dfrac{1}{\cancel{3+2}} \right) + \cdots\cdots$$

$$+ \left(\dfrac{1}{\cancel{13+1}} - \dfrac{1}{\cancel{13+2}} \right) + \left(\dfrac{1}{\cancel{14+1}} - \dfrac{1}{14+2} \right)$$

$$= \dfrac{1}{2} - \dfrac{1}{16} = \dfrac{7}{16}$$

答（カ）7　（キ）1　（ク）6

数学　9月実施　文系　　正解と配点

問題番号		設問	正解	配点
1	(1)	ア	2	2
		イ	7	
		ウ	1	2
		エ	8	
	(2)	オ	⑤	4
	(3)	カ	7	4
		キ	1	
		ク	1	
	(4)	ケ	5	2
		コ	3	
		サ	7	2
	(5)	シ	2	4
		ス	3	
	(6)	セ	8	4
		ソ	5	
2	(1)	ア	2	3
		イ	0	
	(2)	ウ	4	4
		エ	5	
	(3)	オ	⑥	4
3	(1)	ア	2	3
		イ	7	
	(2)	ウ	7	2
		エ	−	2
		オ	9	
	(3)	カ	1	4
		キ	8	
4	(1)	ア	−	2
		イ	7	
		ウ	1	
		エ	8	2
	(2)	オ	−	3
		カ	1	
	(3)	キ	−	4
		ク	5	

問題番号		設問	正解	配点
5	(1)	ア	8	3
		イ	6	
	(2)	ウ	4	4
		エ	5	
	(3)	オ	②	4
		カ	⑧	
6	(1)	ア	4	3
		イ	2	
	(2)	ウ	−	4
		エ	1	
	(3)	オ	7	4
		カ	8	
7	(1)	ア	−	2
		イ	2	
		ウ	−	3
		エ	7	
	(2)	オ	4	5
		カ	9	
		キ	3	
8	(1)	ア	7	3
		イ	2	
	(2)	ウ	2	2
		エ	−	2
		オ	3	
	(3)	カ	7	4
		キ	1	
		ク	6	

1 次の各問いに答えなさい。

(1) 2次関数 $y = x^2 + 8x + 11$ のグラフを x 軸方向に3，y 軸方向に -5 だけ平行移動したグラフを表す式は

$$y = x^2 + \boxed{\text{ア}}\, x - \boxed{\text{イ}}$$

である。

(2) $\triangle ABC$ において，$AB = 2$，$CA = \sqrt{2}$，$\angle A = 135°$ であるとき

$$BC = \sqrt{\boxed{\text{ウ}\ \text{エ}}}$$

である。

(3) 整式 $x^3 - x + 1$ を整式 $2x - 1$ で割ると，余りは

$$\frac{\boxed{\text{オ}}}{\boxed{\text{カ}}}$$

である。

(4) $\dfrac{13 - 9i}{1 - 3i} = \boxed{\text{キ}} + \boxed{\text{ク}}\, i$ である。ただし，i は虚数単位とする。

(5) 円 $x^2 + y^2 = 5$ と直線 $x - 2y = k$ が共有点をもつとき，定数 k のとり得る値の範囲は

$$\boxed{\text{ケ}\ \text{コ}} \leq k \leq \boxed{\text{サ}}$$

である。

(6) 鈍角 θ について，$\sin\theta = \dfrac{3}{5}$ のとき，$\sin 2\theta = \boxed{\text{シ}}$ である。$\boxed{\text{シ}}$ に最も適するものを下の選択肢から選び，番号で答えなさい。

〈選択肢〉

① $\dfrac{4}{5}$　　② $\dfrac{7}{25}$　　③ $\dfrac{12}{25}$　　④ $\dfrac{24}{25}$

⑤ $-\dfrac{4}{5}$　　⑥ $-\dfrac{7}{25}$　　⑦ $-\dfrac{12}{25}$　　⑧ $-\dfrac{24}{25}$

(7) 2つのベクトル $\vec{a} = (4,\ 7)$，$\vec{b} = (-1,\ 8)$ のなす角を θ とすると

$$\cos\theta = \frac{\boxed{\text{ス}}}{\boxed{\text{セ}}}$$

である。

(8) 双曲線 $\dfrac{x^2}{5} - \dfrac{y^2}{3} = 1$ の焦点は，2点 ソ である。 ソ に最も適するものを下の選択

肢から選び，番号で答えなさい。

〈選択肢〉
① $(2, 0)$, $(-2, 0)$ ② $(\sqrt{2}, 0)$, $(-\sqrt{2}, 0)$
③ $(8, 0)$, $(-8, 0)$ ④ $(2\sqrt{2}, 0)$, $(-2\sqrt{2}, 0)$
⑤ $(0, 2)$, $(0, -2)$ ⑥ $(0, \sqrt{2})$, $(0, -\sqrt{2})$
⑦ $(0, 8)$, $(0, -8)$ ⑧ $(0, 2\sqrt{2})$, $(0, -2\sqrt{2})$

解 答

(1)
$$y = x^2 + 8x + 11$$
$$= (x+4)^2 - 16 + 11$$
$$= (x+4)^2 - 5$$

よって，放物線のグラフの頂点は，$(-4, -5)$

頂点を x 軸方向に 3，y 軸方向に -5 だけ移動すると，

x 座標：$-4 + 3 = -1$ y 座標：$-5 - 5 = -10$

頂点が $(-1, -10)$ となるので，移動後の放物線を表す式は，
$$y = (x+1)^2 - 10$$
$$= x^2 + 2x - 9$$

答 （ア）2 （イ）9

【別解】 右の平行移動の公式を用いて，移動後の式は
$$y - (-5) = (x-3)^2 + 8(x-3) + 11$$
$$y = x^2 + 2x - 9$$

【参考】グラフの平行移動
関数 $y = f(x)$ を x 軸方向へ p，y 軸
方向へ q だけ平行移動したグラフの式は，
$$y - q = f(x - p)$$

(2) △ABC において，余弦定理より
$$BC^2 = AB^2 + CA^2 - 2 \cdot AB \cdot CA \cos A$$
$$= 2^2 + (\sqrt{2})^2 - 2 \cdot 2 \cdot \sqrt{2} \cos 135°$$
$$= 4 + 2 - 4\sqrt{2} \cdot \left(-\dfrac{\sqrt{2}}{2}\right)$$
$$= 10$$
$BC > 0$ より，$BC = \sqrt{10}$

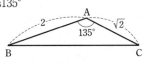

【参考】余弦定理
$$a^2 = b^2 + c^2 - 2bc \cos A$$

答 （ウ）1 （エ）0

(3) $P(x) = x^3 - x + 1$ とおく。

剰余定理より，$P(x)$ を $2x-1$ で割った余りは

$$P\left(\frac{1}{2}\right) = \left(\frac{1}{2}\right)^3 - \frac{1}{2} + 1$$

$$= \frac{5}{8}$$

答（オ）**5**　（カ）**8**

【参考】剰余定理

　多項式 $P(x)$ と 1 次式 $Q(x)$ について，$Q(x) = 0$ の解を a とする。このとき，$P(x)$ を $Q(x)$ で割った余りは $P(a)$ となる。
※左の式の場合，$Q(x) = 2x-1$ で，$Q(x) = 0$ の解は $\frac{1}{2}$ である。

(4)
$$\frac{13-9i}{1-3i} = \frac{(13-9i)(1+3i)}{(1-3i)(1+3i)}$$

$$= \frac{13 + 30i - 27i^2}{1^2 - (3i)^2}$$

$$= \frac{40 + 30i}{1 + 9}$$

$$= 4 + 3i$$

答（キ）**4**　（ク）**3**

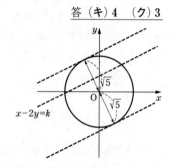

(5) 円 $x^2 + y^2 = 5$ は中心が原点 $(0, 0)$ で半径が $\sqrt{5}$ なので，直線 $x - 2y = k$ との共有点を持つためには，直線 $x - 2y = k$ と原点との距離が $\sqrt{5}$ 以下であればよい。

原点と直線 $x - 2y - k = 0$ との距離を d とおくと，

$$d = \frac{|1 \cdot 0 + (-2) \cdot 0 - k|}{\sqrt{1^2 + (-2)^2}} = \frac{|k|}{\sqrt{5}}$$

$d \leqq \sqrt{5}$ なので，

$$\frac{|k|}{\sqrt{5}} \leqq \sqrt{5}$$

$$|k| \leqq 5$$

したがって，$-5 \leqq k \leqq 5$

答（ケ）**−**　（コ）**5**　（サ）**5**

【参考】点と直線の距離

　点 (p, q) と直線 $ax + by + c = 0$ の距離 d は

$$d = \frac{|ap + bq + c|}{\sqrt{a^2 + b^2}}$$

(6) $\sin^2\theta + \cos^2\theta = 1$ より，

$$\cos^2\theta = 1 - \left(\frac{3}{5}\right)^2$$

$$= \frac{16}{25}$$

θ は鈍角なので，$\frac{\pi}{2} < \theta < \pi$ であり，$-1 < \cos\theta < 0$ となる。

よって，$\cos\theta = -\frac{4}{5}$

$$\sin 2\theta = 2\sin\theta\cos\theta$$

$$= 2 \cdot \frac{3}{5} \cdot \left(-\frac{4}{5}\right)$$

$$= -\frac{24}{25}$$

【参考】2倍角の公式

$$\sin 2\theta = 2\sin\theta\cos\theta$$
$$\cos 2\theta = 1 - 2\sin^2\theta$$
$$= 2\cos^2\theta - 1$$
$$\tan 2\theta = \frac{2\tan\theta}{1 - \tan^2\theta}$$

答（シ）**⑧**

(7) $\vec{a}=(4,\ 7)$, $\vec{b}=(-1,\ 8)$ について,
$$|\vec{a}|=\sqrt{4^2+7^2}=\sqrt{65}$$
$$|\vec{b}|=\sqrt{(-1)^2+8^2}=\sqrt{65}$$
$$\vec{a}\cdot\vec{b}=4\cdot(-1)+7\cdot8=52$$
よって,$\vec{a}$ と $\vec{b}$ のなす角 θ について,
$$\cos\theta=\frac{\vec{a}\cdot\vec{b}}{|\vec{a}||\vec{b}|}$$
$$=\frac{52}{\sqrt{65}\cdot\sqrt{65}}$$
$$=\frac{4}{5}$$

答 (ス) **4** (セ) **5**

(8) 双曲線 $\dfrac{x^2}{5}-\dfrac{y^2}{3}=1$ は焦点が x 軸上にある。
$\sqrt{5+3}=2\sqrt{2}$ より,焦点は,2点 $(2\sqrt{2},\ 0)$,
$(-2\sqrt{2},\ 0)$ である。

答 (ソ) ④

【参考】ベクトルの大きさと内積

$\vec{a}=(a_1,\ a_2)$, $\vec{b}=(b_1,\ b_2)$ のとき,

$\vec{a}$ の大きさ:$|\vec{a}|=\sqrt{a_1^2+a_2^2}$

$\vec{a}$ と $\vec{b}$ の内積:$\vec{a}\cdot\vec{b}=a_1b_1+a_2b_2$

【参考】2つのベクトルのなす角

$\vec{a}$ と $\vec{b}$ のなす角を θ とすると,
$$\vec{a}\cdot\vec{b}=|\vec{a}||\vec{b}|\cos\theta$$
これより,次のようにも表せる。
$$\cos\theta=\frac{\vec{a}\cdot\vec{b}}{|\vec{a}||\vec{b}|}$$

【参考】双曲線と焦点

双曲線 $\dfrac{x^2}{a^2}-\dfrac{y^2}{b^2}=1$ について,

焦点は $(\pm\sqrt{a^2+b^2},\ 0)$

漸近線は $y=\pm\dfrac{b}{a}x$

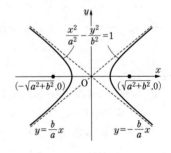

---

2 次の各問いに答えなさい。

(1) 積が4732で，最小公倍数が364である2つの正の整数の最大公約数は ア イ である。

(2) ある高校のサッカー部35人とテニス部20人について，50m走のタイムを測定し，そのデータを下のような箱ひげ図に表した。下の選択肢①～④のうち，これらの箱ひげ図から読み取れることとして正しいものは ウ である。 ウ に最も適するものを選び，番号で答えなさい。

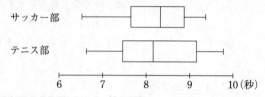

〈選択肢〉

① テニス部のタイムの中央値は，サッカー部のタイムの中央値より大きい。

② サッカー部のタイムの第3四分位数は，テニス部のタイムの第3四分位数より大きい。

③ サッカー部でタイムが9秒より速い人は，26人以下である。

④ テニス部でタイムが8秒より遅い人は，10人以上いる。

(3) 等式 $xy - 3x + 5y - 19 = 0$ を満たす整数 x, y の組は，全部で エ 組ある。

解 答

(1) 2つの正の整数を A, B，AとBの最大公約数を G とする。このとき，$A = aG$，$B = bG$ となる正の整数 a, b が存在する。ただし，a と b は互いに素である。

A と B の最小公倍数は abG と表せるため，

$$abG = 364$$

である。また，$AB = 4732$ であるため，

$$abG^2 = 4732$$

すなわち，

$$364G = 4732$$
$$G = 13$$

答（ア）1 （イ）3

(2) 問いの図において，

　① テニス部の中央値は，サッカー部の中央値より<u>小さ</u><u>い</u>ので誤りである。

　② サッカー部の第3四分位数は，テニス部の第3四分位数より<u>小さい</u>ので誤りである。

　③ サッカー部では，中央値が小さい方から18番目の値であり，第3四分位数が小さい方から27番目の値である。

　　　この第3四分位数が9より小さいので，<u>9秒より速</u><u>い人は27人以上</u>いる。すなわち誤りである。

　④ テニス部では，中央値が小さい方から10番目と11番目の値の平均値である。この中央値が8より大きいので，11番目以降の値はすべて8より大きい。よって，8秒より遅い人は10人以上いる。すなわち正しい。

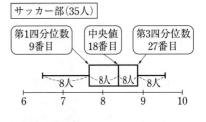

サッカー部(35人)

| 第1四分位数 9番目 | 中央値 18番目 | 第3四分位数 27番目 |

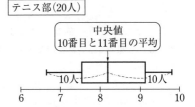

テニス部(20人)

| 中央値 10番目と11番目の平均 |

答（ウ）④

(3) $xy-3x+5y-19=0$ より，

$$(x+5)(y-3)+15-19=0$$
$$(x+5)(y-3)=4$$

x，y は整数なので，$x+5$，$y-3$ も整数である。これらの積が4であるので，

$$(x+5,\ y-3)=(1,\ 4),\ (2,\ 2),\ (4,\ 1),\ (-1,\ -4),\ (-2,\ -2),\ (-4,\ -1)$$

すなわち，$(x,\ y)=(-4,\ 7),\ (-3,\ 5),\ (-1,\ 4),\ (-6,\ -1),\ (-7,\ 1),\ (-9,\ 2)$

よって，x，y の組は，全部で **6** 組ある。

答（エ）**6**

3

男子5人，女子3人の計8人からくじ引きで2人の委員を選ぶとき，次の問いに答えなさい。

(1) 委員の選び方の総数は

　　$\boxed{ア}\boxed{イ}$ 通り

ある。

(2) 男子1人，女子1人が委員に選ばれる確率は

　　$\dfrac{\boxed{ウ}\boxed{エ}}{\boxed{オ}\boxed{カ}}$

である。

(3) 選ばれた2人の委員に少なくとも1人男子が含まれるとわかったときに，委員が2人とも男子である条件付き確率は

　　$\dfrac{\boxed{キ}}{\boxed{ク}}$

である。

【解答】

(1) 8人から2人を選ぶ選び方なので，

$$_8C_2 = \frac{8 \cdot 7}{2 \cdot 1} = 28 \text{（通り）}$$

答（ア）2　（イ）8

(2) 男子を5人から1人選び，女子を3人から1人選ぶ。これらは独立した事象なので，

$$_5C_1 \times _3C_1 = 15 \text{（通り）}$$

全事象は(1)より28通りなので，求める確率は，$\dfrac{15}{28}$

答（ウ）1　（エ）5　（オ）2　（カ）8

(3) 「2人の委員の少なくとも1人が男子である」事象をE，「委員が2人とも男子である」事象をFとする。

このとき，事象$E \cap F$は「委員が2人とも男子である」を表す。

$$P(E \cap F) = \frac{_5C_2}{_8C_2} = \frac{10}{28} = \frac{5}{14}$$

また，事象$\overline{E}$は「2人の委員に男子が選ばれない」，すなわち「委員が2人とも女子である」を表す。

よって，$P(E)$は，

$$P(E) = 1 - P(\overline{E}) = 1 - \frac{_3C_2}{_8C_2} = 1 - \frac{3}{28}$$
$$= \frac{25}{28}$$

よって，求める条件付き確率$P_E(F)$は，

$$P_E(F) = \frac{P(E \cap F)}{P(E)} = \frac{\dfrac{5}{14}}{\dfrac{25}{28}} = \frac{2}{5}$$

答（キ）2　（ク）5

【参考】条件付き確率

全事象Uにおいて，事象Eを前提として事象Fが起こる確率を$P_E(F)$と表し，

$$P_E(F) = \frac{P(E \cap F)}{P(E)} \qquad \cdots\cdots①$$

である。

※以下のベン図より，$P(E \cap F) = P(E) \cdot P_E(F)$であるため，①が成り立つ。

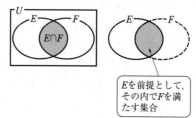

Eを前提として，その内でFを満たす集合

— 34 —

4 次の各問いに答えなさい。

(1) 3次関数 $y=\dfrac{1}{3}x^3-x^2-3x$ について

極大値は $\dfrac{\boxed{\text{ア}}}{\boxed{\text{イ}}}$

である。

(2) 放物線 $y=x^2+ax+b$ ……① が
直線 $y=2x-1$ ……② と x 座標が2である点で接してい
る。このとき

$a=\boxed{\text{ウ}\,\text{エ}}$, $b=\boxed{\text{オ}}$

であり，放物線①，直線②および y 軸で囲まれた右図の斜線
部分の面積は

$\dfrac{\boxed{\text{カ}}}{\boxed{\text{キ}}}$

である。

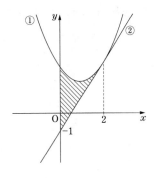

解答

(1) $y=\dfrac{1}{3}x^3-x^2-3x$ を x で微分する。

$y'=x^2-2x-3$

$y'=0$ のとき

$x^2-2x-3=0$

$(x+1)(x-3)=0$

$x=-1,\ 3$

すなわち，$x=-1,\ 3$ で極値をとる。

したがって，右のような増減表ができる。

$x=-1$ のとき極大となり，

$y=\dfrac{1}{3}\cdot(-1)^3-(-1)^2-3\cdot(-1)$

$=-\dfrac{1}{3}-1+3=\dfrac{5}{3}$

したがって，$x=-1$ で極大値 $\dfrac{5}{3}$ をとる。（$x=3$ で極小値をとる。）

x	$\cdots$	-1	$\cdots$	3	$\cdots$
y'	+	0	−	0	+
y	↗	極大値	↘	極小値	↗

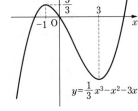

$y=\dfrac{1}{3}x^3-x^2-3x$

答 （ア）5 （イ）3

(2) 放物線：$y=x^2+ax+b$ ……①

直線：$y=2x-1$ ……②

①の式において，$x=2$ のとき，$y=4+2a+b$

②の式において，$x=2$ のとき，$y=3$

①と②のグラフは $x=2$ のとき，座標が一致しているから，

$4+2a+b=3$

$2a + b = -1$ ……③

また, ①の式を x で微分すると, $y' = 2x + a$

$x = 2$ のとき, $y' = 4 + a$

②は①の $x = 2$ における接線であり, 傾きが 2 なので,

   $4 + a = 2$ すなわち, $a = -2$

③に代入して, $-4 + b = -1$ すなわち, $b = 3$

   したがって, 放物線①は $y = x^2 - 2x + 3$ であり, ①, ②および y 軸で囲まれた右図の斜線部分の面積は,

$$\int_0^2 \{(x^2 - 2x + 3) - (2x - 1)\}\,dx = \int_0^2 (x^2 - 4x + 4)\,dx$$

$$= \left[\frac{1}{3}x^3 - 2x^2 + 4x\right]_0^2$$

$$= \left(\frac{8}{3} - 8 + 8\right) - 0$$

$$= \frac{8}{3}$$

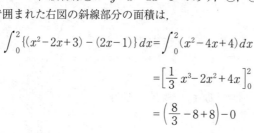

答 (ウ) – (エ) 2 (オ) 3 (カ) 8 (キ) 3

---

5 次の各問いに答えなさい。

(1) (i) $\sqrt[3]{54} \div 2\sqrt{3} \times 4^{\frac{1}{3}} = \sqrt{\boxed{\text{ア}}}$ である。

(ii) 不等式 $\log_2(x-5) + \log_2(x+2) < 3$ の解は

$$\boxed{\text{イ}} < x < \boxed{\text{ウ}}$$

である。

(iii) 関数 $y = \left(\frac{1}{9}\right)^x - 2\left(\frac{1}{3}\right)^{x-1}$

の最小値は $\boxed{\text{エ}\;\text{オ}}$ である。

(2) $0 \leq \theta < 2\pi$ のとき, $2\sin^2\theta + \cos\theta - 1 = 0$ を満たす θ の値は

$$\theta = \boxed{\text{カ}}, \boxed{\text{キ}}, \boxed{\text{ク}}$$

である。$\boxed{\text{カ}}, \boxed{\text{キ}}, \boxed{\text{ク}}$ に最も適するものを下の選択肢から選び, 番号で答えなさい。ただし, $\boxed{\text{カ}} < \boxed{\text{キ}} < \boxed{\text{ク}}$ とする。

〈選択肢〉

① 0   ② $\frac{\pi}{6}$ ③ $\frac{\pi}{3}$ ④ $\frac{\pi}{2}$ ⑤ $\frac{2}{3}\pi$

⑥ $\frac{5}{6}\pi$ ⑦ π ⑧ $\frac{7}{6}\pi$ ⑨ $\frac{4}{3}\pi$

解答

(1) (i) $\sqrt[3]{54} \div 2\sqrt{3} \times 4^{\frac{1}{3}} = (2 \times 3^3)^{\frac{1}{3}} \div (2 \times 3^{\frac{1}{2}}) \times 2^{\frac{2}{3}}$

$$= 2^{\left(\frac{1}{3}-1+\frac{2}{3}\right)} \times 3^{\left(1-\frac{1}{2}\right)}$$

$$= 2^0 \times 3^{\frac{1}{2}}$$

$$= \boldsymbol{\sqrt{3}}$$

答 （ア）**3**

(ii) 真数条件より，$x-5>0$ かつ $x+2>0$，すなわち $x>5$ ……①
である。

$$\log_2(x-5) + \log_2(x+2) < 3$$

$$\log_2(x-5)(x+2) < \log_2 8$$

底は 1 より大きいので，

$$(x-5)(x+2) < 8$$

$$x^2 - 3x - 18 < 0$$

$$(x+3)(x-6) < 0$$

$$-3 < x < 6 \quad \cdots\cdots②$$

①，②の共通範囲をとって，**$5 < x < 6$**

答 （イ）**5** （ウ）**6**

> **【参考】真数条件**
> 対数における真数は正でなければならない。すなわち，対数 $\log_a x$ は $x>0$ でなければならない。

> **【参考】対数の性質**
> 和：$\log_a x + \log_a y = \log_a xy$
> 差：$\log_a x - \log_a y = \log_a \dfrac{x}{y}$
> 定数倍：$k\log_a x = \log_a x^k$
> 底の変換：$\log_x y = \dfrac{\log_a y}{\log_a x}$ $(a>0)$

> **【参考】底の範囲と不等式**
> $a>1$ のとき，
> $\quad \log_a x > \log_a y \iff x > y > 0$
> $0<a<1$ のとき，
> $\quad \log_a x > \log_a y \iff 0 < x < y$

(iii) $y = \left(\dfrac{1}{9}\right)^x - 2\left(\dfrac{1}{3}\right)^{x-1}$

$$= \left(\dfrac{1}{3}\right)^{2x} - 2\left(\dfrac{1}{3}\right)^x \left(\dfrac{1}{3}\right)^{-1}$$

$$= \left\{\left(\dfrac{1}{3}\right)^x\right\}^2 - 6\left(\dfrac{1}{3}\right)^x$$

$X = \left(\dfrac{1}{3}\right)^x$ とおくと，$X>0$ であり，

$$y = X^2 - 6X$$

$$= (X-3)^2 - 9$$

$X>0$ より，$X=3$ のとき y は最小値 $\boldsymbol{-9}$ をとる。

このとき，$\left(\dfrac{1}{3}\right)^x = 3$ すなわち，$x = -1$ である。

答 （エ）**－** （オ）**9**

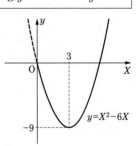

$y = X^2 - 6X$

(2) $\sin^2\theta + \cos^2\theta = 1$ より，

$$2\sin^2\theta + \cos\theta - 1 = 0$$

$$2(1-\cos^2\theta) + \cos\theta - 1 = 0$$

$$2\cos^2\theta - \cos\theta - 1 = 0$$

$$(\cos\theta - 1)(2\cos\theta + 1) = 0$$

$$\cos\theta = -\dfrac{1}{2},\ 1$$

$0 \le \theta < 2\pi$ より，$\theta = \boldsymbol{0,\ \dfrac{2}{3}\pi,\ \dfrac{4}{3}\pi}$

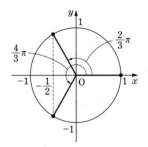

答 （カ）**①** （キ）**⑤** （ク）**⑨**

6 1辺の長さが2である正六角形 ABCDEF において，線分 BD
を 2：1 に内分する点を G，線分 AG と線分 BF の交点を H とす
る。$\overrightarrow{AB}=\vec{a}$，$\overrightarrow{AF}=\vec{b}$ とするとき，次の問いに答えなさい。

(1) $\overrightarrow{AD}$ を $\vec{a}$ と $\vec{b}$ を用いて表すと

$$\overrightarrow{AD}=\boxed{\text{ア}}\,\vec{a}+\boxed{\text{イ}}\,\vec{b}$$

である。

(2) $\overrightarrow{AC}$ と $\overrightarrow{AE}$ の内積は

$$\overrightarrow{AC}\cdot\overrightarrow{AE}=\boxed{\text{ウ}}$$

である。

(3) $\overrightarrow{AH}$ を $\vec{a}$ と $\vec{b}$ を用いて表すと

$$\overrightarrow{AH}=\frac{\boxed{\text{エ}}}{\boxed{\text{オ}}}\,\vec{a}+\frac{\boxed{\text{カ}}}{\boxed{\text{キ}}}\,\vec{b}$$

である。

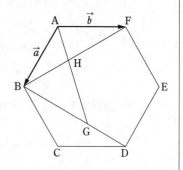

解答

(1) 直線 BE と直線 CF の交点を O とする。このとき，六角形 ABCDEF
は正六角形なので，四角形 ABOF は平行四辺形であり，

$$\overrightarrow{AO}=\vec{a}+\vec{b}$$

また，O は AD の中点となるので，

$$\overrightarrow{AD}=2\overrightarrow{AO}=2\vec{a}+2\vec{b}$$

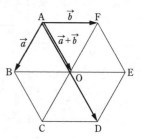

答 （ア）2 （イ）2

(2) (1)より，$\overrightarrow{AD}=2\vec{a}+2\vec{b}$ なので，

$$\begin{aligned}
\overrightarrow{AC}&=\overrightarrow{AD}+\overrightarrow{DC}\\
&=(2\vec{a}+2\vec{b})+(-\vec{b})\\
&=2\vec{a}+\vec{b}\\
\overrightarrow{AE}&=\overrightarrow{AD}+\overrightarrow{DE}\\
&=(2\vec{a}+2\vec{b})+(-\vec{a})\\
&=\vec{a}+2\vec{b}
\end{aligned}$$

したがって，

$$\begin{aligned}
\overrightarrow{AC}\cdot\overrightarrow{AE}&=(2\vec{a}+\vec{b})\cdot(\vec{a}+2\vec{b})\\
&=2\vec{a}\cdot\vec{a}+5\vec{a}\cdot\vec{b}+2\vec{b}\cdot\vec{b}\\
&=2|\vec{a}|^2+5\vec{a}\cdot\vec{b}+2|\vec{b}|^2
\end{aligned}$$

ここで，$|\vec{a}|=|\vec{b}|=2$，$\vec{a}\cdot\vec{b}=|\vec{a}||\vec{b}|\cos120°=-2$ なので，

$$\begin{aligned}
\overrightarrow{AC}\cdot\overrightarrow{AE}&=8-10+8\\
&=6
\end{aligned}$$

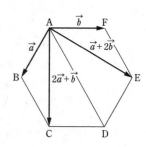

答 （ウ）6

【別解】 △ACF は30°，60°，90° の角を持つ三角形なので，

　　AF=2 より，$AC=\sqrt{3}\times AF=2\sqrt{3}$

　　　同様に，$AE=2\sqrt{3}$ である。

— 38 —

また，∠CAE = 60° なので，

$$\overrightarrow{AC} \cdot \overrightarrow{AE} = |\overrightarrow{AC}||\overrightarrow{AE}|\cos 60°$$

$$= 2\sqrt{3} \cdot 2\sqrt{3} \cdot \frac{1}{2}$$

$$= \mathbf{6}$$

(3) 点 G は線分 BD を 2 : 1 に内分する点なので，

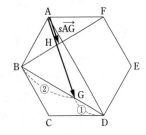

$$\overrightarrow{AG} = \frac{1 \cdot \overrightarrow{AB} + 2 \cdot \overrightarrow{AD}}{2+1}$$

$$= \frac{\vec{a} + 2(2\vec{a} + 2\vec{b})}{3}$$

$$= \frac{5\vec{a} + 4\vec{b}}{3}$$

点 H は線分 AG 上の点なので，$\overrightarrow{AH} = s\overrightarrow{AG}$ とすると，

$$\overrightarrow{AH} = s \cdot \frac{5\vec{a} + 4\vec{b}}{3}$$

$$= \frac{5}{3}s\vec{a} + \frac{4}{3}s\vec{b} \qquad \cdots\cdots ①$$

また，H は線分 BF 上の点なので，BH : HF = t : $(1-t)$ とおくと，

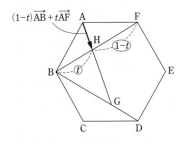

$$\overrightarrow{AH} = (1-t)\overrightarrow{AB} + t\overrightarrow{AF}$$

$$= (1-t)\vec{a} + t\vec{b} \qquad \cdots\cdots ②$$

$\vec{a}$ と $\vec{b}$ は $\vec{0}$ でなく，平行でないので，①，②より，

$$\begin{cases} \dfrac{5}{3}s = 1 - t & \cdots\cdots ③ \\ \dfrac{4}{3}s = t & \cdots\cdots ④ \end{cases}$$

③＋④より，$3s = 1$　$s = \dfrac{1}{3}$　　したがって，①より

$$\overrightarrow{AH} = \frac{5}{3} \cdot \frac{1}{3}\vec{a} + \frac{4}{3} \cdot \frac{1}{3}\vec{b}$$

$$= \frac{5}{9}\vec{a} + \frac{4}{9}\vec{b}$$

答 (エ) 5　(オ) 9　(カ) 4　(キ) 9

7

次の各問いに答えなさい。

(1) 第13項が-17，第30項が-51である等差数列$\{a_n\}$の一般項a_nは

$$a_n = \boxed{\text{ア}\ \text{イ}}\, n + \boxed{\text{ウ}}$$

である。

(2) 数列$\{b_n\}$に対して $c_n = 2n + b_n$ とおく。数列$\{c_n\}$が初項-3，公比-2の等比数列であるとき

$$b_6 = \boxed{\text{エ}\ \text{オ}}$$

である。

(3) $1,\ 1+2,\ 1+2+3,\ 1+2+3+4,\ \cdots\cdots$

のように，n番目の項が1からnまでの連続した自然数の和である数列について，初項から第17項までの和は $\boxed{\text{カ}\ \text{キ}\ \text{ク}}$ である。

解 答

(1) 等差数列$\{a_n\}$の初項をa，公差をdとすると，一般項a_nは

$$a_n = a + (n-1)d$$

条件より，

$$a_{13} = a + 12d = -17 \qquad \cdots\cdots ①$$
$$a_{30} = a + 29d = -51 \qquad \cdots\cdots ②$$

②$-$①より，$17d = -34 \qquad d = -2$

①に代入し，$a = 7$

よって，

$$a_n = 7 + (n-1) \times (-2)$$
$$= -2n + 9$$

答（ア）$-$ （イ）2 （ウ）9

(2) 等比数列$\{c_n\}$は初項-3，公比-2なので，一般項c_nは

$$c_n = (-3) \cdot (-2)^{n-1}$$

したがって，

$$b_n = c_n - 2n$$
$$= (-3) \cdot (-2)^{n-1} - 2n$$

よって，

$$b_6 = (-3) \cdot (-2)^{6-1} - 2 \cdot 6$$
$$= (-3) \cdot (-32) - 12$$
$$= 84$$

答（エ）8 （オ）4

(3) 1 から n までの整数の和は $\dfrac{n(n+1)}{2}$ と表せるので, 求める数列を $\{a_n\}$ とすると, 一般項 a_n は

$$a_n = \frac{n(n+1)}{2}$$

この数列の初項から第 n 項までの和 S_n は,

$$S_n = \sum_{k=1}^{n} \frac{1}{2} k(k+1)$$

$$= \frac{1}{2} \sum_{k=1}^{n} (k^2 + k)$$

$$= \frac{1}{2} \left\{ \frac{1}{6} n(n+1)(2n+1) + \frac{1}{2} n(n+1) \right\}$$

$$= \frac{1}{12} n(n+1) \{ (2n+1) + 3 \}$$

$$= \frac{1}{6} n(n+1)(n+2)$$

よって, 初項から第17項までの和は,

$$S_{17} = \frac{1}{6} \cdot 17 \cdot 18 \cdot 19$$

$$= 969$$

【参考】Σの公式

$$\sum_{k=1}^{n} k = \frac{1}{2} n(n+1)$$

$$\sum_{k=1}^{n} k^2 = \frac{1}{6} n(n+1)(2n+1)$$

$$\sum_{k=1}^{n} k^3 = \left\{ \frac{1}{2} n(n+1) \right\}^2$$

答 **(カ)** 9 **(キ)** 6 **(ク)** 9

---

8 次の各問いに答えなさい。ただし, i は虚数単位とする。

(1) 複素数 $\dfrac{1+\sqrt{3}\,i}{\sqrt{2}}$ を極形式で表すと

$$\sqrt{\boxed{\text{ア}}} \left(\cos \frac{\pi}{\boxed{\text{イ}}} + i \sin \frac{\pi}{\boxed{\text{イ}}} \right)$$

である。ただし, $0 \leqq \dfrac{\pi}{\boxed{\text{イ}}} < \pi$ とする。

(2) $\left(\dfrac{1+\sqrt{3}\,i}{\sqrt{2}} \right)^{12} = \boxed{\text{ウ}\,\text{エ}}$

である。

(3) 複素数平面上の点 $\sqrt{3} - 5i$ を, 原点を中心として $\dfrac{\pi}{6}$ だけ回転した点を表す複素数は

$$\boxed{\text{オ}} - \boxed{\text{カ}} \sqrt{\boxed{\text{キ}}}\, i$$

である。

解 答

(1) $\dfrac{1+\sqrt{3}\,i}{\sqrt{2}} = \dfrac{1}{\sqrt{2}} + \dfrac{\sqrt{3}}{\sqrt{2}}\,i$

$\sqrt{\left(\dfrac{1}{\sqrt{2}}\right)^2 + \left(\dfrac{\sqrt{3}}{\sqrt{2}}\right)^2} = \sqrt{2}$ なので,

$\dfrac{1}{\sqrt{2}} + \dfrac{\sqrt{3}}{\sqrt{2}}\,i = \sqrt{2}\left(\dfrac{1}{2} + \dfrac{\sqrt{3}}{2}\,i\right) = \sqrt{2}\left(\cos\dfrac{\pi}{3} + i\sin\dfrac{\pi}{3}\right)$

答 **(ア) 2　(イ) 3**

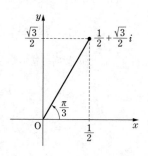

(2) ド・モアブルの定理より,

$\left(\dfrac{1+\sqrt{3}\,i}{\sqrt{2}}\right)^{12} = \left\{\sqrt{2}\left(\cos\dfrac{\pi}{3} + i\sin\dfrac{\pi}{3}\right)\right\}^{12}$

$\qquad = (\sqrt{2})^{12}\left(\cos\dfrac{\pi}{3} + i\sin\dfrac{\pi}{3}\right)^{12}$

$\qquad = 2^6(\cos 4\pi + i\sin 4\pi)$

$\qquad = \mathbf{64}$

> **【参考】ド・モアブルの定理**
> $(\cos\theta + i\sin\theta)^n = \cos n\theta + i\sin n\theta$

答 **(ウ) 6　(エ) 4**

(3) 求める複素数 z は,

$z = (\sqrt{3} - 5i)\left(\cos\dfrac{\pi}{6} + i\sin\dfrac{\pi}{6}\right)$

$\quad = (\sqrt{3} - 5i)\left(\dfrac{\sqrt{3}}{2} + \dfrac{1}{2}i\right)$

$\quad = \dfrac{3}{2} + \dfrac{\sqrt{3}}{2}\,i - \dfrac{5\sqrt{3}}{2}\,i + \dfrac{5}{2}$

$\quad = 4 - 2\sqrt{3}\,i$

答 **(オ) 4　(カ) 2　(キ) 3**

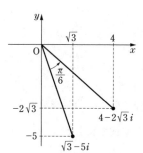

> **【参考】複素数の回転**
> 　複素数 z を表す点を,原点を中心として角 θ だけ回転すると,$z(\cos\theta + i\sin\theta)$ の点に移る。

数学　9月実施　理系　　正解と配点　　　　　　　　　（70分，100点満点）

問題番号		設問	正解	配点
1	(1)	ア	2	3
		イ	9	
	(2)	ウ	1	3
		エ	0	
	(3)	オ	5	3
		カ	8	
	(4)	キ	4	3
		ク	3	
	(5)	ケ	－	3
		コ	5	
		サ	5	
	(6)	シ	⑧	4
	(7)	ス	4	4
		セ	5	
	(8)	ソ	④	4
2	(1)	ア	1	3
		イ	3	
	(2)	ツ	④	4
	(3)	エ	6	3
3	(1)	ア	2	3
		イ	8	
	(2)	ウ	1	3
		エ	5	
		オ	2	
		カ	8	
	(3)	キ	2	4
		ク	5	
4	(1)	ア	5	3
		イ	3	
	(2)	ウ	－	4
		エ	2	
		オ	3	
		カ	8	4
		キ	3	

問題番号		設問	正解	配点
5	(1)	ア	3	2
		イ	5	2
		ウ	6	
		エ	－	2
		オ	9	
	(2)	カ	①	4
		キ	⑤	
		ク	⑨	
6	(1)	ア	2	3
		イ	2	
	(2)	ウ	6	4
	(3)	エ	5	4
		オ	9	
		カ	4	
		キ	9	
7	(1)	ア	－	3
		イ	2	
		ウ	9	
	(2)	エ	8	3
		オ	4	
	(3)	カ	9	4
		キ	6	
		ク	9	
8	(1)	ア	2	3
		イ	3	
	(2)	ウ	6	4
		エ	4	
	(3)	オ	4	4
		カ	2	
		キ	3	

令和 3 年度

基礎学力到達度テスト
問題と詳解

令和3年度　数学　4月実施

1 次の各問いに答えなさい。ただし，(1)，(2)の i は虚数単位とする。

(1) $\dfrac{1-11i}{1-i} = \boxed{\text{ア}} - \boxed{\text{イ}}\,i$

である。

(2) 方程式 $x^3 - 5x^2 + 4x + 10 = 0$ の解は

$$x = \boxed{\text{ウ}\,\text{エ}}, \quad \boxed{\text{オ}} \pm i$$

である。

(3) $\sin 15° = \dfrac{\sqrt{\boxed{\text{カ}}} - \sqrt{\boxed{\text{キ}}}}{\boxed{\text{ク}}}$

である。

(4) 座標空間の2点 $(-1,\ 5,\ -3)$，$(3,\ 1,\ -1)$ の間の距離は

$$\boxed{\text{ケ}}$$

である。

2 2点 $(-1,\ 2)$，$(3,\ 4)$ を直径の両端とする円 C と直線 $l : x + y = 2$ がある。このとき，次の問いに答えなさい。

(1) 円 C の半径は

$$\sqrt{\boxed{\text{ア}}}$$

であり，円 C の方程式は

$$(x - \boxed{\text{イ}})^2 + (y - \boxed{\text{ウ}})^2 = \boxed{\text{ア}}$$

である。

(2) 円 C の中心と直線 l との距離は

$$\sqrt{\boxed{\text{エ}}}$$

である。

(3) 直線 l と円 C の2つの交点を A，B とするとき，線分 AB の長さは

$$\boxed{\text{オ}}\sqrt{\boxed{\text{カ}}}$$

である。

3 次の各問いに答えなさい。

(1) 第5項が22，第12項が43である等差数列 $\{a_n\}$ の一般項 a_n は
$$a_n = \boxed{\text{ア}}\, n + \boxed{\text{イ}}$$
である。

(2) 等比数列 $\{b_n\}$　$-6,\ 18,\ -54,\ 162,\ \cdots\cdots$
の一般項 b_n は
$$b_n = \boxed{\text{ウ}}\,(\boxed{\text{エ}\,\text{オ}})^n$$
である。

(3) $S_n = \displaystyle\sum_{k=1}^{n}(25-4k)$ とするとき，S_n が最大となるのは $n = \boxed{\text{カ}}$ のときで，その最大値は
$$\boxed{\text{キ}\,\text{ク}}$$
である。

4 次の各問いに答えなさい。

(1) 3次関数 $y = x^3 - 9x^2 + 15x + 8$ の極大値は
$$\boxed{\text{ア}\,\text{イ}}$$
である。

(2) 右の図のように，放物線 $y = -2x^2 - 6x$　……① の上に
点Pがあり，Pの x 座標は -1 である。このとき

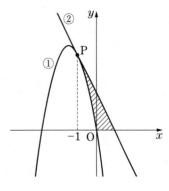

(i) 点Pにおける放物線①の接線の傾きは
$$\boxed{\text{ウ}\,\text{エ}}$$
であり，その方程式は
$$y = \boxed{\text{ウ}\,\text{エ}}\,x + \boxed{\text{オ}}　……②$$
である。

(ii) 放物線①と接線②と x 軸で囲まれた右の図の斜線部分
の面積は
$$\frac{\boxed{\text{カ}}}{\boxed{\text{キ}}}$$
である。

$\boxed{5}$ 次の各問いに答えなさい。

(1) $\sin\left(-\dfrac{\pi}{3}\right) = \boxed{\ \ ア\ \ }$ である。

$\boxed{\ \ ア\ \ }$ に最も適するものを下の選択肢から選び，番号で答えなさい。

┌─〈選択肢〉─────────────────────────────┐

① -1　　② $-\dfrac{\sqrt{3}}{2}$　　③ $-\dfrac{\sqrt{2}}{2}$　　④ $-\dfrac{1}{2}$　　⑤ 0

⑥ $\dfrac{1}{2}$　　⑦ $\dfrac{\sqrt{2}}{2}$　　⑧ $\dfrac{\sqrt{3}}{2}$　　⑨ 1

└──────────────────────────────────┘

(2) 関数 $y = 2\cos2x + 4\cos x$ について

(i) $\cos x = t$ とおくと

$$y = \boxed{\ \ イ\ \ }\,t^2 + \boxed{\ \ ウ\ \ }\,t - \boxed{\ \ エ\ \ }$$

である。

(ii) $0 \leqq x < 2\pi$ のとき，y の

最大値は $\boxed{\ \ オ\ \ }$

最小値は $\boxed{\ カ\ }\boxed{\ キ\ }$

である。

6 次の各問いに答えなさい。

(1) $\vec{a}=(7,\ -1)$, $\vec{b}=(2,\ 2)$ のとき

  (i) $\vec{a}-3\vec{b}=(\boxed{\ \text{ア}\ },\ \boxed{\ \text{イ}\ \text{ウ}\ })$

     である。

  (ii) $|\vec{a}|=\boxed{\ \text{エ}\ }\sqrt{\boxed{\ \text{オ}\ }}$

     である。

  (iii) $\vec{a}$ と $\vec{b}$ のなす角を θ とするとき

$$\cos\theta=\frac{\boxed{\ \text{カ}\ }}{\boxed{\ \text{キ}\ }}$$

     である。

(2) 右の四角形 OABC において $\overrightarrow{\text{OA}}=\vec{a}$, $\overrightarrow{\text{OC}}=\vec{c}$ とすると

$\overrightarrow{\text{OB}}=\dfrac{2\vec{a}+7\vec{c}}{5}$ が成り立つ。このとき

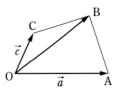

  (i) $\overrightarrow{\text{AB}}=\dfrac{-\boxed{\ \text{ク}\ }\vec{a}+\boxed{\ \text{ケ}\ }\vec{c}}{5}$ である。

  (ii) 点 C を通り，辺 AB に平行な直線と辺 OA の交点を D とするとき

$$\overrightarrow{\text{OD}}=\frac{\boxed{\ \text{コ}\ }}{\boxed{\ \text{サ}\ }}\vec{a}$$

     である。

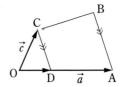

7 次の各問いに答えなさい。

(1) $\sqrt{2}\times2\div2^{-\frac{3}{2}}=\boxed{\ \text{ア}\ }$

  である。

(2) 方程式 $2\log_3(x-1)=\log_3(7-x)$ を解くと

$$x=\boxed{\ \text{イ}\ }$$

  である。

(3) あるウイルスは，一定の割合で増加し，ちょうど1日でその総数は2倍になるという。このウイルスの総数が4月1日午前0時の時点の総数の10000倍を初めて超えるのは，何月何日となりますか。途中の考え方や解き方がわかるように，式を立てて求めなさい。ただし，$\log_{10}2=0.3010$ とする。

1 次の各問いに答えなさい。

(1)　$x = \dfrac{1}{3+\sqrt{7}}$，$y = \dfrac{3+\sqrt{7}}{2}$　のとき

　　　　$x + y = \boxed{\text{ア}}$，$x^2 + y^2 = \boxed{\text{イ}}$

　である。

(2)　次の9個のデータ

　　　　10，5，3，11，6，10，2，12，5

　の箱ひげ図として正しいものは　$\boxed{\text{ウ}}$　である。　$\boxed{\text{ウ}}$　に最も適するものを下の選択肢から選び，番号で答えなさい。

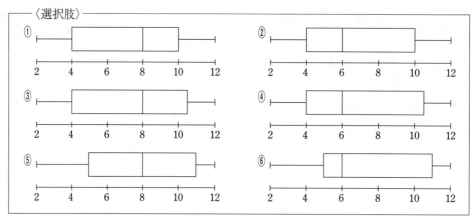

(3)　2進法で表された数　$111011_{(2)}$　を10進法で表すと

　　　　$\boxed{\text{エ}}\boxed{\text{オ}}$

　である。

(4)　整式　$2x^3 + 9x^2 - 11x + 10$　を整式　$2x - 1$　で割ると

　　　　商は　$x^2 + \boxed{\text{カ}}\,x - \boxed{\text{キ}}$，余りは　$\boxed{\text{ク}}$

　である。

(5)　△ABC において，AB = 4，外接円の半径が6であるとき

　　　　$\sin C = \dfrac{\boxed{\text{ケ}}}{\boxed{\text{コ}}}$

　である。

(6)　第8項が40，第12項が64である等差数列　$\{a_n\}$　の一般項　a_n　は

　　　　$a_n = \boxed{\text{サ}}\,n - \boxed{\text{シ}}$

　である。

2 放物線 $y = x^2 + 14x + 50$ ……① について，次の問いに答えなさい。

(1) 放物線①の頂点は，点 $\boxed{\text{ア}}$ である。$\boxed{\text{ア}}$ に最も適するものを下の選択肢から選び，番号で答えなさい。

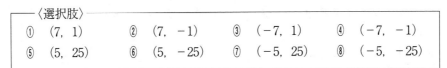

〈選択肢〉
① $(7, 1)$ ② $(7, -1)$ ③ $(-7, 1)$ ④ $(-7, -1)$
⑤ $(5, 25)$ ⑥ $(5, -25)$ ⑦ $(-5, 25)$ ⑧ $(-5, -25)$

(2) $-9 \leqq x \leqq -6$ における y の

　　　最大値は $\boxed{\text{イ}}$

　　　最小値は $\boxed{\text{ウ}}$

である。

(3) 放物線①を y 軸方向に -7 だけ平行移動したグラフは，x 軸と異なる2点 A，B で交わる。このとき，線分 AB の長さは

　　　$\boxed{\text{エ}}\sqrt{\boxed{\text{オ}}}$

である。

3 赤，白，青のカードが3枚ずつあり，どの色のカードにも1から3までの数字が1つずつ書かれている。この9枚のカードから同時に3枚を取り出すとき，次の問いに答えなさい。

(1) 3枚のカードの取り出し方は全部で

　　　$\boxed{\text{ア}}\boxed{\text{イ}}$ 通り

ある。

(2) 取り出したカードの中に赤のカードが1枚も含まれない確率は

　　　$\dfrac{\boxed{\text{ウ}}}{\boxed{\text{エ}}\boxed{\text{オ}}}$

である。

(3) 取り出したカードが色も番号もすべて異なる確率は

　　　$\dfrac{\boxed{\text{カ}}}{\boxed{\text{キ}}\boxed{\text{ク}}}$

である。

4

方程式 $x^2 + y^2 + 2ax - 6y + 2a = 0$ ……①

は円を表す。このとき，次の問いに答えなさい。ただし，a は正の定数とする。

(1) $a = 2$ のとき，円①の

　　　中心の座標は（ $\boxed{アイ}$, $\boxed{ウ}$ ），半径は $\boxed{エ}$

　　である。

(2) 円①の半径が $2\sqrt{11}$ より大きいとき

　　　　$\boxed{オ} < a$

　　である。

(3) 円①が直線 $y = x$ に接するとき

　　　　$a = \boxed{カ}$, $\boxed{キ}$

　　である。ただし，$\boxed{カ} < \boxed{キ}$ とする。

5

次の各問いに答えなさい。

(1) $\pi < \theta < 2\pi$ で，$\cos\theta = -\dfrac{1}{3}$ のとき

　　　　$\sin\theta = \boxed{ア}$, $\tan\theta = \boxed{イ}$

　　である。$\boxed{ア}$, $\boxed{イ}$ に最も適するものを下の選択肢から選び，番号で答えなさい。ただし，同じものを繰り返し選んでもよい。

　　〈選択肢〉
　　① $\dfrac{\sqrt{2}}{4}$ 　② $\dfrac{2}{3}$ 　③ $\dfrac{2\sqrt{2}}{3}$ 　④ $2\sqrt{2}$
　　⑤ $-\dfrac{\sqrt{2}}{4}$ 　⑥ $-\dfrac{2}{3}$ 　⑦ $-\dfrac{2\sqrt{2}}{3}$ 　⑧ $-2\sqrt{2}$

(2) α が第4象限の角，β が第1象限の角であり，$\cos\alpha = \dfrac{4}{5}$，$\sin\beta = \dfrac{4}{5}$ のとき

　　　　$\sin(\alpha + \beta) = \dfrac{\boxed{ウ}}{\boxed{エ}\,\boxed{オ}}$

　　である。

(3) $0 \leqq \theta < 2\pi$ のとき，方程式 $\cos 2\theta + 3\sin\theta = 2$ を解くと

　　　　$\theta = \dfrac{\pi}{\boxed{カ}}$, $\dfrac{\pi}{\boxed{キ}}$, $\dfrac{\boxed{ク}}{\boxed{カ}}\pi$

　　である。ただし，$\dfrac{\pi}{\boxed{カ}} < \dfrac{\pi}{\boxed{キ}} < \dfrac{\boxed{ク}}{\boxed{カ}}\pi$ とする。

$\boxed{6}$ 次の各問いに答えなさい。

(1) $1024^{\frac{1}{4}} = \boxed{\ \text{ア}\ } \sqrt{\boxed{\ \text{イ}\ }}$
　である。

(2) $(\log_2 3 + \log_4 9)(\log_9 4 - \log_3 16) = \boxed{\text{ウ}\ \text{エ}}$
　である。

(3) 不等式 $\log_5 \dfrac{x+1}{3} + \log_5(x-9) < 2$ の解は

$$\boxed{\ \text{オ}\ } < x < \boxed{\text{カ}\ \text{キ}}$$

　である。

$\boxed{7}$ 次の各問いに答えなさい。

(1) 関数 $y = x^3 - x^2 - x$ ……① について

　(i) 関数①のグラフ上の点 $\mathrm{P}(-1,\ -1)$ における接線の方程式は

$$y = \boxed{\ \text{ア}\ }\, x + \boxed{\ \text{イ}\ }$$

　　である。

　(ii) 関数①の極大値は

$$\frac{\boxed{\ \text{ウ}\ }}{\boxed{\text{エ}\ \text{オ}}}$$

　　である。

(2) 放物線 $y = -x^2 + 4x - 3$ ……② について
　放物線②の頂点を通り x 軸に平行な直線，x 軸，y 軸，
　および放物線②で囲まれた右の図の斜線部分の面積は

$$\frac{\boxed{\ \text{カ}\ }}{\boxed{\ \text{キ}\ }}$$

　である。

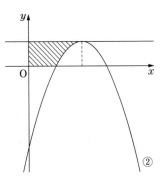

8

次の各問いに答えなさい。

(1) 2つのベクトル $\vec{a}=(-1,\ 2)$, $\vec{b}=(5,\ 4)$ について

$$|\vec{a}|=\sqrt{\boxed{\text{ア}}}, \quad \vec{a}\cdot\vec{b}=\boxed{\text{イ}}$$

である。

(2) △ABC で，AB＝3，AC＝2，$\cos\angle\text{BAC}=\dfrac{1}{3}$ のとき，∠BAC の二等分線と辺 BC との交点を D とすると

$$\overrightarrow{\text{AD}}=\frac{\boxed{\text{ウ}}}{\boxed{\text{エ}}}\overrightarrow{\text{AB}}+\frac{\boxed{\text{オ}}}{\boxed{\text{エ}}}\overrightarrow{\text{AC}}$$

であり

$$|\overrightarrow{\text{AD}}|=\frac{\boxed{\text{カ}}\sqrt{\boxed{\text{キ}}}}{\boxed{\text{ク}}}$$

である。

1 次の各問いに答えなさい。ただし，(3)，(8)の i は虚数単位とする。

(1) ２次関数 $y=-x^2+2x-2$ のグラフを x 軸方向に 1，y 軸方向に -3 だけ平行移動したグラフを表す式は

$$y=-x^2+\boxed{\text{ア}}\,x-\boxed{\text{イ}}$$

である。

(2) $\triangle ABC$ において，$BC=\sqrt{6}$，$CA=2$，$AB=\sqrt{2}$ であるとき

$$\cos B=\frac{\sqrt{\boxed{\text{ウ}}}}{\boxed{\text{エ}}}$$

である。

(3) $\dfrac{3}{1+i}-\dfrac{i}{1-i}=\boxed{\text{オ}}-\boxed{\text{カ}}\,i$

である。

(4) x についての整式 $x^3+ax^2+bx-17$ を x^2-2x-3 で割ると，余りが $9x-2$ となるとき

$$a=\boxed{\text{キ}}\,,\ b=\boxed{\text{ク}\,\text{ケ}}$$

である。

(5) 円 $x^2+y^2=7$ と直線 $3x-4y=10$ の２つの交点を A，B とするとき，線分 AB の長さは

$$\boxed{\text{コ}}\sqrt{\boxed{\text{サ}}}$$

である。

(6) $\left(2^{\frac{1}{3}}+2^{-\frac{1}{3}}\right)\left(2^{\frac{2}{3}}-1+2^{-\frac{2}{3}}\right)=\dfrac{\boxed{\text{シ}}}{\boxed{\text{ス}}}$

である。

(7) 楕円 $4x^2+y^2=4$ の焦点の座標は $\boxed{\text{セ}}$ である。$\boxed{\text{セ}}$ に最も適するものを下の選択肢から選び，番号で答えなさい。

―〈選択肢〉―
① $(\pm 3,\ 0)$	② $(\pm\sqrt{3},\ 0)$	③ $(\pm 5,\ 0)$	④ $(\pm\sqrt{5},\ 0)$
⑤ $(0,\ \pm 3)$	⑥ $(0,\ \pm\sqrt{3})$	⑦ $(0,\ \pm 5)$	⑧ $(0,\ \pm\sqrt{5})$

(8) $z=\sqrt{2}\left(\cos\dfrac{\pi}{6}+i\sin\dfrac{\pi}{6}\right)$ のとき

$$z^6=\boxed{\text{ソ}\,\text{タ}}$$

である。

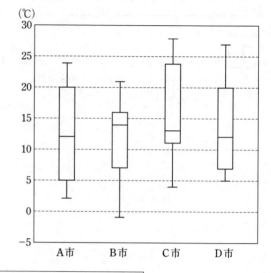

（℃）

2 次の各問いに答えなさい。

(1) 右の図は，4つの都市，A市，B市，C市，D市のある年における1月から12月までの月ごとの平均気温のデータを箱ひげ図に表したものである。次の①～④のうち，これらの箱ひげ図から読み取れることとして正しいものは ア である。

ア に最も適するものを下の選択肢から選び，番号で答えなさい。

〈選択肢〉
① 四分位範囲が最も大きいのはA市である。
② 第1四分位数が最も小さいのはB市である。
③ 中央値が最も大きいのはC市である。
④ D市は平均気温が21℃以上の月が少なくとも4か月ある。

(2) 437と943の最大公約数は イウ である。

(3) 循環小数0.1̇41̇を分数で表すと
$$\frac{エオ}{333}$$
である。

$\boxed{3}$ 次の各問いに答えなさい。

(1) 3人で1回じゃんけんをするとき，3人の手の出し方は全部で

$\boxed{\text{ア}}\boxed{\text{イ}}$ 通り

ある。

(2) 4人で1回じゃんけんをするとき，2人だけが勝つ確率は

$\dfrac{\boxed{\text{ウ}}}{\boxed{\text{エ}}}$

である。

(3) 4人で1回じゃんけんをして，あいこになったとき，全員が同じ手である条件付き確率は

$\dfrac{\boxed{\text{オ}}}{\boxed{\text{カ}}\boxed{\text{キ}}}$

である。

$\boxed{4}$ 次の各問いに答えなさい。

(1) 3次関数 $y=-x^3+\dfrac{3}{2}x^2+6x-1$ の極小値は

$\dfrac{\boxed{\text{ア}}\boxed{\text{イ}}}{\boxed{\text{ウ}}}$

である。

(2) 放物線 $y=-(x+1)(x-3)$ ……①
と y 軸との交点を A とすると，点 A における
放物線①の接線の方程式は

$y=\boxed{\text{エ}}\,x+\boxed{\text{オ}}$ ……②

である。

また，放物線①，接線②および x 軸で囲まれ
た右の図の斜線部分の面積は

$\dfrac{\boxed{\text{カ}}}{\boxed{\text{キ}}\boxed{\text{ク}}}$

である。

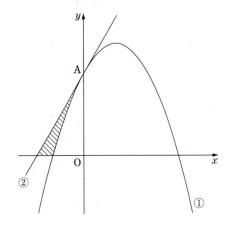

5

次の各問いに答えなさい。

(1) 3^{10} は $\boxed{\text{ア}}$ 桁の数である。ただし，$\log_{10}3 = 0.4771$ とする。

(2) 方程式 $2(\log_2 x)^2 - \log_2 2x = 0$ の解は

$$x = \boxed{\text{イ}}, \ \frac{\sqrt{\boxed{\text{ウ}}}}{\boxed{\text{エ}}}$$

である。

(3) $0 \leq \theta < 2\pi$ のとき，不等式 $\sin 2\theta - \sqrt{2}\sin\theta < 0$ を満たす θ の値の範囲は

$$\boxed{\text{オ}} < \theta < \boxed{\text{カ}}, \ \boxed{\text{キ}} < \theta < \boxed{\text{ク}}$$

である。$\boxed{\text{オ}}$，$\boxed{\text{カ}}$，$\boxed{\text{キ}}$，$\boxed{\text{ク}}$ に最も適するものをそれぞれ下の選択肢から選び，番号で答えなさい。ただし，$\boxed{\text{カ}} < \boxed{\text{キ}}$ とする。

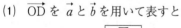

〈選択肢〉

① 0　　② $\dfrac{\pi}{4}$　　③ $\dfrac{\pi}{2}$　　④ $\dfrac{3}{4}\pi$　　⑤ π

⑥ $\dfrac{5}{4}\pi$　　⑦ $\dfrac{3}{2}\pi$　　⑧ $\dfrac{7}{4}\pi$　　⑨ 2π

6

右の図の平行四辺形 OACB において，$\overrightarrow{OA} = \vec{a}$，$\overrightarrow{OB} = \vec{b}$ とする。辺 AC を $1:2$ に内分する点を D，辺 BC を $3:2$ に内分する点を E とするとき，次の問いに答えなさい。

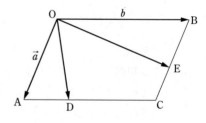

(1) $\overrightarrow{OD}$ を $\vec{a}$ と $\vec{b}$ を用いて表すと

$$\overrightarrow{OD} = \vec{a} + \frac{\boxed{\text{ア}}}{\boxed{\text{イ}}}\vec{b}$$

である。

(2) $OA = 2$，$OB = 3$，$OD \perp OE$ のとき

$$\cos\angle AOB = \frac{\boxed{\text{ウ}}\boxed{\text{エ}}}{\boxed{\text{オ}}}$$

であり

$$OD = \sqrt{\boxed{\text{カ}}}$$

である。

7 次の各問いに答えなさい。

(1) 第9項が4, 第16項が-17である等差数列について, -80は第 $\boxed{\text{ア}\ \text{イ}}$ 項である。

(2) $a_1=1$, $a_{n+1}=3a_n-8$ $(n=1,\ 2,\ 3,\ \cdots\cdots)$ で定められる数列 $\{a_n\}$ について, 一般項 a_n は

$$a_n = \boxed{\text{ウ}} - \boxed{\text{エ}}^{\,n}$$

である。

(3) 数列 $\dfrac{1}{1} \ \Big| \ \dfrac{1}{2},\ \dfrac{2}{2} \ \Big| \ \dfrac{1}{3},\ \dfrac{2}{3},\ \dfrac{3}{3} \ \Big| \ \dfrac{1}{4},\ \dfrac{2}{4},\ \dfrac{3}{4},\ \dfrac{4}{4} \ \Big| \ \dfrac{1}{5},\ \cdots\cdots$

について, 初項から第50項までの和は

$$\frac{\boxed{\text{オ}\,\text{カ}}}{\boxed{\text{キ}}}$$

である。

8 次の各問いに答えなさい。

(1) $\displaystyle\lim_{x \to 1} \frac{4x^2-3x-1}{x^2-3x+2} = \boxed{\text{ア}\ \text{イ}}$

である。

(2) $\displaystyle\lim_{n \to \infty} \frac{1}{\sqrt{n^2+3n}-n} = \dfrac{\boxed{\text{ウ}}}{\boxed{\text{エ}}}$

である。

(3) 1辺の長さ1の正三角形を T_1, T_1 に内接する円を C_1, C_1 に内接する正三角形を T_2, T_2 に内接する円を C_2, C_2 に内接する正三角形を T_3 とする。このように次々と小さくなる正三角形 T_n $(n=1,\ 2,\ 3,\ \cdots\cdots)$ を作り, T_n の面積を S_n とするとき, これらの正三角形の面積の総和 $S_1+S_2+\cdots\cdots+S_n+\cdots\cdots$ は

$$\frac{\sqrt{\boxed{\text{オ}}}}{\boxed{\text{カ}}}$$

である。

令和3年度　4月実施　解答と解説

1

次の各問いに答えなさい。ただし，(1)，(2)の i は虚数単位とする。

(1) $\dfrac{1-11i}{1-i} = \boxed{\text{ア}} - \boxed{\text{イ}}\, i$

である。

(2) 方程式 $x^3 - 5x^2 + 4x + 10 = 0$ の解は

$x = \boxed{\text{ウ}\,\text{エ}},\quad \boxed{\text{オ}} \pm i$

である。

(3) $\sin 15° = \dfrac{\sqrt{\boxed{\text{カ}}} - \sqrt{\boxed{\text{キ}}}}{\boxed{\text{ク}}}$

である。

(4) 座標空間の2点 $(-1,\ 5,\ -3)$，$(3,\ 1,\ -1)$ の間の距離は

$\boxed{\text{ケ}}$

である。

解　説

(1)
$$\dfrac{1-11i}{1-i} = \dfrac{1-11i}{1-i} \times \dfrac{1+i}{1+i}$$
$$= \dfrac{1+i-11i-11i^2}{1-i^2}$$
$$= \dfrac{1-10i+11}{1+1}$$
$$= \dfrac{12-10i}{2}$$
$$= 6-5i$$

【参考】分母の実数化

$(a+bi)(a-bi) = a^2 + b^2$ を利用して，

$$\dfrac{1}{a+bi} = \dfrac{1}{a+bi} \times \dfrac{a-bi}{a-bi}$$
$$= \dfrac{a-bi}{a^2+b^2}$$

答 （ア）**6**　（イ）**5**

(2) $P(x) = x^3 - 5x^2 + 4x + 10$ とする。

$P(-1) = 0$ より，因数定理から $P(x)$ は $x+1$ を因数にもつので，

$P(x) = (x+1)(x^2 - 6x + 10)$

$P(x) = 0$ より，$x+1 = 0,\ x^2 - 6x + 10 = 0$

$x+1 = 0$ のとき，$x = -1$

$x^2 - 6x + 10 = 0$ のとき，

$$x = 3 \pm \sqrt{3^2 - 1 \cdot 10}$$
$$= 3 \pm \sqrt{-1}$$
$$= 3 \pm i$$

よって，$x = -1,\ 3 \pm i$

$$
\begin{array}{r}
x^2 - 6x + 10 \\
x+1\ \overline{\smash{)}\ x^3 - 5x^2 + 4x + 10} \\
\underline{x^3 +\ x^2\quad\quad\quad} \\
-6x^2 + 4x \\
\underline{-6x^2 - 6x\quad} \\
10x + 10 \\
\underline{10x + 10} \\
0
\end{array}
$$

【参考】因数定理

$P(x)$ において，

$\quad P(a) = 0 \Leftrightarrow P(x)$ は $x-a$ を因数にもつ。

すなわち，$P(x) = (x-a)Q(x)$ と因数分解できる。

$$P(x) \div (x-a)$$

(3) 加法定理より，

$$\sin 15° = \sin(45° - 30°)$$
$$= \sin 45° \cos 30° - \cos 45° \sin 30°$$
$$= \frac{1}{\sqrt{2}} \times \frac{\sqrt{3}}{2} - \frac{1}{\sqrt{2}} \times \frac{1}{2}$$
$$= \frac{\sqrt{3}-1}{2\sqrt{2}}$$
$$= \frac{\sqrt{3}-1}{2\sqrt{2}} \times \frac{\sqrt{2}}{\sqrt{2}}$$
$$= \boldsymbol{\frac{\sqrt{6}-\sqrt{2}}{4}}$$

【参考】加法定理

$$\sin(\alpha \pm \beta) = \sin\alpha\cos\beta \pm \cos\alpha\sin\beta$$
$$\cos(\alpha \pm \beta) = \cos\alpha\cos\beta \mp \sin\alpha\sin\beta$$
$$\tan(\alpha \pm \beta) = \frac{\tan\alpha \pm \tan\beta}{1 \mp \tan\alpha\tan\beta}$$

(4) 空間における2点間の距離の公式より，

$$\sqrt{\{3-(-1)\}^2 + (1-5)^2 + \{-1-(-3)\}^2}$$
$$= \sqrt{4^2 + (-4)^2 + 2^2}$$
$$= \sqrt{16+16+4}$$
$$= \sqrt{36}$$
$$= \boldsymbol{6}$$

【参考】座標空間における2点間の距離

2点 $(x_1,\ y_1,\ z_1)$，$(x_2,\ y_2,\ z_2)$ 間の距離は，

$$\sqrt{(x_2-x_1)^2 + (y_2-y_1)^2 + (z_2-z_1)^2}$$

2 2点 $(-1, 2)$, $(3, 4)$ を直径の両端とする円 C と直線 $l: x+y=2$ がある。このとき, 次の問いに答えなさい。

(1) 円 C の半径は

$$\sqrt{\boxed{\text{ア}}}$$

であり, 円 C の方程式は

$$(x-\boxed{\text{イ}})^2+(y-\boxed{\text{ウ}})^2=\boxed{\text{ア}}$$

である。

(2) 円 C の中心と直線 l との距離は

$$\sqrt{\boxed{\text{エ}}}$$

である。

(3) 直線 l と円 C の2つの交点を A, B とするとき, 線分 AB の長さは

$$\boxed{\text{オ}}\sqrt{\boxed{\text{カ}}}$$

である。

解 説

(1) 2点 $(-1, 2)$, $(3, 4)$ 間の距離は

$$\sqrt{\{3-(-1)\}^2+(4-2)^2}=\sqrt{4^2+2^2}$$
$$=\sqrt{20}$$
$$=2\sqrt{5}$$

よって, 円 C の半径は, $2\sqrt{5}\div 2=\sqrt{5}$

また, 円 C の中心は2点 $(-1, 2)$, $(3, 4)$ の中点なので,

その座標は, $\left(\dfrac{-1+3}{2}, \dfrac{2+4}{2}\right)=(1, 3)$

したがって, 円 C の方程式は

$$(x-1)^2+(y-3)^2=5$$

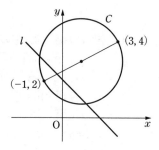

答 (ア) 5 (イ) 1 (ウ) 3

┌─**【参考】2点間の距離**─────┐
　2点 (x_1, y_1), (x_2, y_2) 間の
距離は,
$$\sqrt{(x_2-x_1)^2+(y_2-y_1)^2}$$
└──────────────────┘

┌─**【参考】中点の座標**─────┐
　2点 (x_1, y_1), (x_2, y_2) を結ぶ
線分の中点の座標は,
$$\left(\dfrac{x_1+x_2}{2}, \dfrac{y_1+y_2}{2}\right)$$
└──────────────────┘

┌─**【参考】円の方程式**─────┐
中心 (a, b), 半径 r の円の方程式は,
$$(x-a)^2+(y-b)^2=r^2$$
└──────────────────┘

(2) 直線 l は $x+y-2=0$ と表せるので，円 C
の中心$(1,\ 3)$と直線 l との距離は

$$\frac{|1\cdot1+1\cdot3+(-2)|}{\sqrt{1^2+1^2}}=\frac{|2|}{\sqrt{2}}$$

$$=\frac{2}{\sqrt{2}}\times\frac{\sqrt{2}}{\sqrt{2}}$$

$$=\sqrt{2}$$

【参考】点と直線の距離
点 $(p,\ q)$ と直線 $ax+by+c=0$ の距離 d は，
$$d=\frac{|ap+bq+c|}{\sqrt{a^2+b^2}}$$

答（**エ**）**2**

(3) 求める線分の長さは右の図の AB の長さである。

円 C の中心を C，線分 AB の中点を M とすると CM⊥AB なので，
△AMC における三平方の定理から，

$$AM^2+CM^2=AC^2$$

$$AM^2=AC^2-CM^2$$

(1)，(2)より，$AC=\sqrt{5}$，$CM=\sqrt{2}$ なので，

$$AM^2=(\sqrt{5})^2-(\sqrt{2})^2$$

$$=5-2$$

$$=3$$

AM>0 より，$AM=\sqrt{3}$

$$AB=2\times AM$$

$$=2\sqrt{3}$$

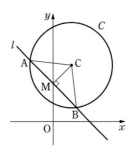

答（**オ**）**2**　（**カ**）**3**

---

3 次の各問いに答えなさい。

(1) 第5項が22，第12項が43である等差数列 $\{a_n\}$ の一般項 a_n は

$$a_n=\boxed{\ \ \text{ア}\ \ }n+\boxed{\ \ \text{イ}\ \ }$$

である。

(2) 等比数列 $\{b_n\}$　$-6,\ 18,\ -54,\ 162,\ \cdots\cdots$

の一般項 b_n は

$$b_n=\boxed{\ \ \text{ウ}\ \ }(\boxed{\ \text{エ}\ }\boxed{\ \text{オ}\ })^n$$

である。

(3) $S_n=\displaystyle\sum_{k=1}^{n}(25-4k)$ とするとき，S_n が最大となるのは $n=\boxed{\ \ \text{カ}\ \ }$ のときで，その最大値は

$$\boxed{\ \text{キ}\ }\boxed{\ \text{ク}\ }$$

である。

解　説

(1) 初項 a，公差 d とすると，

$\{a_n\}$ の一般項は $a_n=a+(n-1)d$ と表せる。

$a_5 = 22$ より, $a_5 = a + 4d = 22$　　……①

$a_{12} = 43$ より, $a_{12} = a + 11d = 43$　　……②

②－①より, $7d = 21$　　よって, $d = 3$

①に代入して, $a + 12 = 22$

$$a = 10$$

したがって, $a_n = 10 + (n-1) \times 3$

$$a_n = 3n + 7$$

答 （ア）3　（イ）7

【参考】等差数列の一般項

初項 a, 公差 d の等差数列の
一般項 a_n は,

$$a_n = a + (n-1)d$$

(2) 等比数列 $\{b_n\}$ の初項は -6, 公比は $\dfrac{18}{-6} = -3$ より,

$$b_n = -6 \times (-3)^{n-1}$$
$$= 2 \times (-3) \times (-3)^{n-1}$$
$$= 2(-3)^n$$

答　（ウ）2　（エ）－　（オ）3

【参考】等比数列の一般項

初項 a, 公比 r の等比数列の
一般項 a_n は,

$$a_n = ar^{n-1}$$

(3) $c_n = 25 - 4n$ とすると,

$$c_n = 25 - 4n$$
$$= 21 - 4n + 4$$
$$= 21 - 4(n-1)$$
$$= 21 + (n-1)(-4)$$

なので, $\{c_n\}$ は初項21, 公差 -4 の等差数列である。

したがって, S_n はこの数列の正の項をすべて加えたときに最大となる。

$c_n > 0$ のとき, $25 - 4n > 0$

$$n < \frac{25}{4} = 6.25$$

$$\underbrace{c_1,\ c_2,\ c_3,\ c_4,\ c_5,\ c_6,}_{\text{正の項}}\ \Big|\ \underbrace{c_7, \cdots}_{\text{負の項}}$$

よって, S_n は $n = 6$ のときに最大となる。

$$S_6 = \sum_{k=1}^{6}(25 - 4k)$$

$$= \sum_{k=1}^{6} 25 - 4\sum_{k=1}^{6} k$$

$$= 6 \times 25 - 4 \times \frac{1}{2} \times 6 \times (6+1)$$

$$= 150 - 84$$

$$= 66$$

答　（カ）6　（キ）6　（ク）6

【参考】Σ の性質

$$\sum_{k=1}^{n}(a_k + b_k) = \sum_{k=1}^{n} a_k + \sum_{k=1}^{n} b_k$$

$$\sum_{k=1}^{n} pa_k = p\sum_{k=1}^{n} a_k \quad (p \text{ は } k \text{ に無関係な定数})$$

【参考】Σ の計算

$$\sum_{k=1}^{n} c = nc \qquad \sum_{k=1}^{n} k = \frac{1}{2}n(n+1)$$

$$\sum_{k=1}^{n} k^2 = \frac{1}{6}n(n+1)(2n+1)$$

$$\sum_{k=1}^{n} k^3 = \left\{\frac{1}{2}n(n+1)\right\}^2$$

4 次の各問いに答えなさい。

(1) 3次関数 $y = x^3 - 9x^2 + 15x + 8$ の極大値は

$$\boxed{ア}\boxed{イ}$$

である。

(2) 右の図のように，放物線 $y = -2x^2 - 6x$ ……① の上に点P
があり，Pの x 座標は -1 である。このとき

(i) 点Pにおける放物線①の接線の傾きは

$$\boxed{ウ}\boxed{エ}$$

であり，その方程式は

$$y = \boxed{ウ}\boxed{エ}\,x + \boxed{オ} \quad \cdots\cdots ②$$

である。

(ii) 放物線①と接線②と x 軸で囲まれた右の図の斜線部分の
面積は

$$\frac{\boxed{カ}}{\boxed{キ}}$$

である。

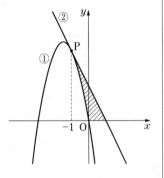

【解 説】

(1) $y = x^3 - 9x^2 + 15x + 8$ を x で
微分すると，

$$\begin{aligned}
y' &= 3x^2 - 18x + 15 \\
&= 3(x^2 - 6x + 5) \\
&= 3(x-1)(x-5)
\end{aligned}$$

$y' = 0$ のとき，$x = 1,\ 5$
y の増減表は右の表のようになる。

したがって，y は $x = 1$ のとき，
極大値 $1 - 9 + 15 + 8 = \mathbf{15}$ をとる。

x	$\cdots$	1	$\cdots$	5	$\cdots$
y'		$+$	0	$-$	0	$+$
y		↗	極大	↘	極小	↗

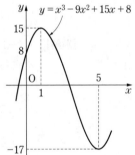

答 （ア）1 （イ）5

(2) (i) $f(x) = -2x^2 - 6x$ ……① とする。

$f'(x) = -4x - 6$ より，

$$f'(-1) = -4 \cdot (-1) - 6 = \mathbf{-2}$$

点Pの y 座標は，

$$f(-1) = -2 \cdot (-1)^2 - 6 \cdot (-1) = 4$$

【参考】接線の方程式

関数 $y = f(x)$ のグラフ上の点 $(a, f(a))$
における接線の方程式は，

$$y - f(a) = f'(a)(x - a)$$

よって，放物線①の点P $(-1,\ 4)$ における接線の傾きは -2 で，接線の方程式は，

$$\begin{aligned}
y - 4 &= -2\{x - (-1)\} \\
y - 4 &= -2(x + 1) \\
y &= -2x - 2 + 4 \\
y &= -2x + \mathbf{2} \quad \cdots\cdots ②
\end{aligned}$$

答 （ウ）$-$ （エ）2 （オ）2

(ii) ②と y 軸との交点を A$(0, 2)$, x 軸との交点を B$(1, 0)$ とする.

求める面積 S は図の斜線部分なので,

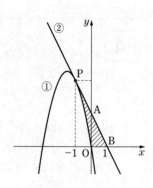

$$S = \int_{-1}^{0} \{-2x + 2 - (-2x^2 - 6x)\}\, dx + \triangle\text{OAB}$$

$$= \int_{-1}^{0} (2x^2 + 4x + 2)\, dx + \frac{1}{2} \times \text{OA} \times \text{OB}$$

$$= \left[\frac{2}{3}x^3 + 2x^2 + 2x\right]_{-1}^{0} + \frac{1}{2} \times 2 \times 1$$

$$= 0 - \left(-\frac{2}{3} + 2 - 2\right) + 1$$

$$= \frac{2}{3} + 1$$

$$= \frac{5}{3}$$

答 (カ) 5　(キ) 3

【参考】2つの曲線の間の面積

区間 $a \leqq x \leqq b$ において, $f(x) \geqq g(x)$ とする. 2つの曲線 $y = f(x)$ と $y = g(x)$ と, 2直線 $x = a$, $x = b$ とで囲まれた部分の面積 S は,

$$S = \int_{a}^{b} \{f(x) - g(x)\}\, dx$$

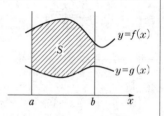

【別解】　点$(-1, 0)$ を A, ②と x 軸との交点を B$(1, 0)$ とする.

求める面積 S は右の図の $\triangle$PAB から斜線部分を引けばよいので,

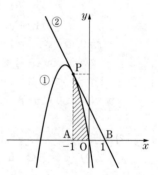

$$S = \frac{1}{2} \times \text{PA} \times \text{AB} - \int_{-1}^{0} (-2x^2 - 6x)\, dx$$

$$= \frac{1}{2} \times 4 \times 2 - \left[-\frac{2}{3}x^3 - 3x^2\right]_{-1}^{0}$$

$$= 4 - \left\{0 - \left(\frac{2}{3} - 3\right)\right\}$$

$$= 4 - \frac{7}{3} = \frac{5}{3}$$

5 次の各問いに答えなさい。

(1) $\sin\left(-\dfrac{\pi}{3}\right)=\boxed{\ \text{ア}\ }$ である。

$\boxed{\ \text{ア}\ }$ に最も適するものを下の選択肢から選び，番号で答えなさい。

〈選択肢〉

① -1　　② $-\dfrac{\sqrt{3}}{2}$　　③ $-\dfrac{\sqrt{2}}{2}$　　④ $-\dfrac{1}{2}$　　⑤ 0

⑥ $\dfrac{1}{2}$　　⑦ $\dfrac{\sqrt{2}}{2}$　　⑧ $\dfrac{\sqrt{3}}{2}$　　⑨ 1

(2) 関数 $y=2\cos2x+4\cos x$ について

(i) $\cos x=t$ とおくと
$$y=\boxed{\ \text{イ}\ }t^2+\boxed{\ \text{ウ}\ }t-\boxed{\ \text{エ}\ }$$
である。

(ii) $0\leq x<2\pi$ のとき，y の
最大値は $\boxed{\ \text{オ}\ }$
最小値は $\boxed{\text{カ}\,|\,\text{キ}}$
である。

解 説

(1) $\sin\left(-\dfrac{\pi}{3}\right)=\sin\dfrac{5}{3}\pi=-\dfrac{\sqrt{3}}{2}$

答（ア）②

【別解】 $\sin\left(-\dfrac{\pi}{3}\right)=-\sin\dfrac{\pi}{3}$

$=-\dfrac{\sqrt{3}}{2}$

┌【参考】三角関数の性質──────
$\sin(\theta+2n\pi)=\sin\theta$　　$\cos(\theta+2n\pi)=\cos\theta$
$\tan(\theta+n\pi)=\tan\theta$　（n は整数）
$\sin(-\theta)=-\sin\theta$　　$\cos(-\theta)=\cos\theta$
$\tan(-\theta)=-\tan\theta$
└──────────────────

(2) (i) 2倍角の公式より，$\cos2x=2\cos^2x-1$ なので，
$$y=2(2\cos^2x-1)+4\cos x$$
$$y=4\cos^2x+4\cos x-2$$
$\cos x=t$ とおくと，$y=4t^2+4t-2$

答（イ）4　（ウ）4　（エ）2

┌【参考】2倍角の公式──────
$\sin2\alpha=2\sin\alpha\cos\alpha$
$\cos2\alpha=\begin{cases}\cos^2\alpha-\sin^2\alpha\\1-2\sin^2\alpha\\2\cos^2\alpha-1\end{cases}$
$\tan2\alpha=\dfrac{2\tan\alpha}{1-\tan^2\alpha}$
└──────────────────

(ii) $0 \leqq x < 2\pi$ のとき，$-1 \leqq \cos x \leqq 1$ なので $-1 \leqq t \leqq 1$

$$
\begin{aligned}
y &= 4t^2 + 4t - 2 \\
&= 4(t^2 + t) - 2 \\
&= 4\left(t^2 + t + \frac{1}{4} - \frac{1}{4}\right) - 2 \\
&= 4\left\{\left(t + \frac{1}{2}\right)^2 - \frac{1}{4}\right\} - 2 \\
&= 4\left(t + \frac{1}{2}\right)^2 - 1 - 2 \\
&= 4\left(t + \frac{1}{2}\right)^2 - 3
\end{aligned}
$$

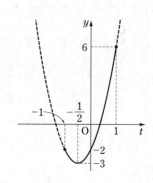

右の図から，y は，$t = 1$ のとき最大値6，$t = -\dfrac{1}{2}$ のとき最小値-3 をとる。

答（オ）6 （カ）- （キ）3

---

6 次の各問いに答えなさい。

(1) $\vec{a} = (7,\ -1)$, $\vec{b} = (2,\ 2)$ のとき

(i) $\vec{a} - 3\vec{b} = ($ ア ， イ ウ $)$
　である。

(ii) $|\vec{a}| = $ エ $\sqrt{\text{オ}}$
　である。

(iii) $\vec{a}$ と $\vec{b}$ のなす角を θ とするとき

$$
\cos \theta = \frac{\text{カ}}{\text{キ}}
$$

　である。

(2) 右の四角形 OABC において $\overrightarrow{OA} = \vec{a}$, $\overrightarrow{OC} = \vec{c}$ とすると

$\overrightarrow{OB} = \dfrac{2\vec{a} + 7\vec{c}}{5}$ が成り立つ。このとき

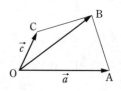

(i) $\overrightarrow{AB} = \dfrac{-\boxed{\text{ク}}\,\vec{a} + \boxed{\text{ケ}}\,\vec{c}}{5}$ である。

(ii) 点 C を通り，辺 AB に平行な直線と辺 OA の交点を D とするとき

$$
\overrightarrow{OD} = \frac{\text{コ}}{\text{サ}}\,\vec{a}
$$

　である。

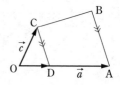

— 68 —

(1) (i) $\vec{a}-3\vec{b}=(7,\ -1)-3(2,\ 2)$
$$=(7,\ -1)-(6,\ 6)$$
$$=(7-6,\ -1-6)$$
$$=(1,\ -7)$$

【参考】ベクトルの演算

$(a_1,\ a_2)\pm(b_1,\ b_2)=(a_1\pm b_1,\ a_2\pm b_2)$

$k(a_1,\ a_2)=(ka_1,\ ka_2)$

答（ア）1　（イ）−　（ウ）7

(ii) $|\vec{a}|=\sqrt{7^2+(-1)^2}$
$$=\sqrt{50}$$
$$=5\sqrt{2}$$

【参考】ベクトルの大きさ

$\vec{a}=(a_1,\ a_2)$ のとき，$|\vec{a}|=\sqrt{a_1{}^2+a_2{}^2}$

答（エ）5　（オ）2

(iii) $|\vec{b}|=\sqrt{2^2+2^2}=\sqrt{8}=2\sqrt{2}$，
$\vec{a}\cdot\vec{b}=7\times2+(-1)\times2=14-2=12$ より，
$$\cos\theta=\frac{\vec{a}\cdot\vec{b}}{|\vec{a}||\vec{b}|}=\frac{12}{5\sqrt{2}\times2\sqrt{2}}$$
$$=\frac{12}{10\times2}$$
$$=\frac{3}{5}$$

【参考】ベクトルの内積

$\vec{a}=(a_1,\ a_2)$，$\vec{b}=(b_1,\ b_2)$ のとき，

$\vec{a}\cdot\vec{b}=a_1b_1+a_2b_2$

$\vec{a}$ と $\vec{b}$ のなす角を θ とすると，

$\vec{a}\cdot\vec{b}=|\vec{a}||\vec{b}|\cos\theta$

答（カ）3　（キ）5

(2) (i) $\overrightarrow{AB}=\overrightarrow{OB}-\overrightarrow{OA}$
$$=\frac{2\vec{a}+7\vec{c}}{5}-\vec{a}$$
$$=\frac{2\vec{a}+7\vec{c}-5\vec{a}}{5}$$
$$=\frac{-3\vec{a}+7\vec{c}}{5}$$

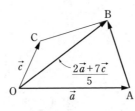

【参考】ベクトルの加法・減法

$\overrightarrow{AB}+\overrightarrow{BC}=\overrightarrow{AC}$

$\overrightarrow{OA}-\overrightarrow{OB}=\overrightarrow{BA}$

$\overrightarrow{AA}=\vec{0}$，$\overrightarrow{BA}=-\overrightarrow{AB}$

答（ク）3　（ケ）7

(ii) CD//BA より，実数 k を用いて
$$\overrightarrow{CD}=k\overrightarrow{AB}=-\frac{3}{5}k\vec{a}+\frac{7}{5}k\vec{c}$$
と表せる。

【参考】ベクトルの平行条件

$\vec{a}\ne\vec{0}$，$\vec{b}\ne\vec{0}$ のとき，

$\vec{a}//\vec{b}\ \Leftrightarrow\ \vec{b}=k\vec{a}$ となる実数 k が存在する。

$$\overrightarrow{OD}=\overrightarrow{OC}+\overrightarrow{CD}=\vec{c}+\left(-\frac{3}{5}k\vec{a}+\frac{7}{5}k\vec{c}\right)$$
$$=-\frac{3}{5}k\vec{a}+\left(1+\frac{7}{5}k\right)\vec{c}\ \ \ \ \ \cdots\cdots①$$

一方，点 D は辺 OA 上にあるので，$\overrightarrow{OD}$ は $\vec{a}$ の実数倍だけで表すことができる。

すなわち，①の $\vec{c}$ の係数は0であるから，$1+\dfrac{7}{5}k=0$

よって，$k=-\dfrac{5}{7}$

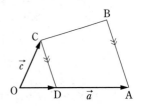

①より, $\overrightarrow{\mathrm{OD}}=-\dfrac{3}{5}\times\left(-\dfrac{5}{7}\right)\vec{a}=\dfrac{3}{7}\vec{a}$

答（コ）3　（サ）7

---

7 次の各問いに答えなさい。

(1) $\sqrt{2}\times2\div2^{-\frac{3}{2}}=$ 　ア　
　である。

(2) 方程式 $2\log_3(x-1)=\log_3(7-x)$ を解くと
　　　　$x=$ 　イ　
　である。

(3) あるウイルスは，一定の割合で増加し，ちょうど1日でその総数は2倍になるという。この
　ウイルスの総数が4月1日午前0時の時点の総数の10000倍を初めて超えるのは，何月何日と
　なりますか。途中の考え方や解き方がわかるように，式を立てて求めなさい。ただし，
　$\log_{10}2=0.3010$ とする。

解　説

(1) $\sqrt{2}\times2\div2^{-\frac{3}{2}}=2^{\frac{1}{2}}\times2\div2^{-\frac{3}{2}}$

　　　　　　$=2^{\frac{1}{2}+1-\left(-\frac{3}{2}\right)}$

　　　　　　$=2^3$

　　　　　　$=8$

【参考】指数法則

$a^m a^n=a^{m+n}$ 　　　$a^m\div a^n=a^{m-n}$

$(a^m)^n=a^{mn}$ 　　　$(ab)^n=a^n b^n$

　　$(a>0,\ b>0$ で，$m,\ n$ は実数$)$

答（ア）8

(2) 真数条件より，$x-1>0$ かつ $7-x>0$
　　　　　　$x>1$ かつ $x<7$
すなわち，$1<x<7$
方程式を，対数の性質を使って変形する。
　　　$2\log_3(x-1)=\log_3(7-x)$
　　　$\log_3(x-1)^2=\log_3(7-x)$
底が等しいから，
　　　　$(x-1)^2=7-x$
　　　$x^2-2x+1=7-x$
　　　　$x^2-x-6=0$
　　$(x+2)(x-3)=0$
　　　　　　$x=-2,\ 3$
$1<x<7$ より，$x=3$

【参考】真数条件

　対数における真数は正でなければ
ならない。すなわち，対数 $\log_a M$ は
$M>0$ でなければならない。

答（イ）3

(3) x日後のウイルスは2^x倍となるから，10000倍より多く
  なるのは，

$$2^x > 10000$$

  両辺の常用対数をとると，

$$\log_{10} 2^x > \log_{10} 10000$$
$$x \log_{10} 2 > \log_{10} 10^4$$
$$x \times 0.3010 > 4$$
$$x > \frac{4}{0.3010} = 13.2\cdots$$

13日後の4月14日午前0時と14日後の4月15日の午前0時の間に10000倍を超える。

答　4月14日

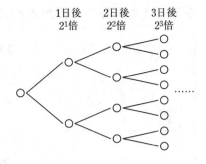

1日後　2日後　3日後
2^1倍　2^2倍　2^3倍

......

数学　4月実施　　正解と配点　(60分, 100点満点)

問題番号・記号		正解	配点 (100点満点)
1	(1)ア, イ	6, 5	4
	(2)ウ・エ	− · 1	2
	オ	3	2
	(3)カ, キ, ク	6, 2, 4	4
	(4)ケ	6	4
2	(1)ア	5	3
	イ, ウ	1, 3	3
	(2)エ	2	4
	(3)オ, カ	2, 3	4
3	(1)ア, イ	3, 7	4
	(2)ウ, エ・オ	2, − · 3	4
	(3)カ	6	2
	キ・ク	6 · 6	3
4	(1)ア・イ	1 · 5	5
	(2)(i)ウ・エ	− · 2	2
	オ	2	2
	(ii)カ, キ	5, 3	5
5	(1)ア	②	4
	(2)(i)イ, ウ, エ	4, 4, 2	4
	(ii)オ	6	3
	カ・キ	− · 3	3
6	(1)(i)ア, イ・ウ	1, − · 7	3
	(ii)エ, オ	5, 2	3
	(iii)カ, キ	3, 5	3
	(2)(i)ク, ケ	3, 7	3
	(ii)コ, サ	3, 7	3
7	(1)ア	8	3
	(2)イ	3	5

7 (3)は記述式。正解は前ページ参照。配点は6。

1 次の各問いに答えなさい。

(1) $x=\dfrac{1}{3+\sqrt{7}}$, $y=\dfrac{3+\sqrt{7}}{2}$ のとき

$x+y=\boxed{\text{ア}}$, $x^2+y^2=\boxed{\text{イ}}$

である。

(2) 次の9個のデータ

10, 5, 3, 11, 6, 10, 2, 12, 5

の箱ひげ図として正しいものは $\boxed{\text{ウ}}$ である。$\boxed{\text{ウ}}$ に最も適するものを下の選択肢から選び, 番号で答えなさい。

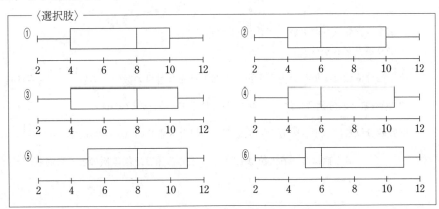

〈選択肢〉

(3) 2進法で表された数 $111011_{(2)}$ を10進法で表すと

$\boxed{\text{エ}\,\text{オ}}$

である。

(4) 整式 $2x^3+9x^2-11x+10$ を整式 $2x-1$ で割ると

商は $x^2+\boxed{\text{カ}}\,x-\boxed{\text{キ}}$, 余りは $\boxed{\text{ク}}$

である。

(5) △ABC において, AB＝4, 外接円の半径が6であるとき

$\sin C=\dfrac{\boxed{\text{ケ}}}{\boxed{\text{コ}}}$

である。

(6) 第8項が40, 第12項が64である等差数列 $\{a_n\}$ の一般項 a_n は

$a_n=\boxed{\text{サ}}\,n-\boxed{\text{シ}}$

である。

(1) $x = \dfrac{1}{3+\sqrt{7}} = \dfrac{1}{3+\sqrt{7}} \cdot \dfrac{3-\sqrt{7}}{3-\sqrt{7}} = \dfrac{3-\sqrt{7}}{9-7} = \dfrac{3-\sqrt{7}}{2}$

【参考】対称式の変形

$x^2 + y^2 = (x+y)^2 - 2xy$

$x^3 + y^3 = (x+y)^3 - 3xy(x+y)$

また，$y = \dfrac{3+\sqrt{7}}{2}$ なので，

$$x+y = \dfrac{3-\sqrt{7}}{2} + \dfrac{3+\sqrt{7}}{2} = 3$$

$$xy = \dfrac{1}{3+\sqrt{7}} \cdot \dfrac{3+\sqrt{7}}{2} = \dfrac{1}{2}$$

したがって，

$$x^2 + y^2 = (x+y)^2 - 2xy = 3^2 - 2 \cdot \dfrac{1}{2} = 9 - 1 = \mathbf{8}$$

答（ア）**3**　（イ）**8**

(2) 9個のデータの第1四分位数，中央値（第2四分位数），第3四分位数は次の通りである。

2,　3,　5,　5,　6,　10,　10,　11,　12

第1四分位数　　中央値　　第3四分位数

データが9個であるから，

　第1四分位数は，小さい方から数えて2番目と3番目の数の平均値で，$\dfrac{3+5}{2} = 4$

　中央値（第2四分位数）は，小さい方から数えて5番目の数で6

　第3四分位数は，小さい方から数えて7番目と8番目の数の平均値で，$\dfrac{10+11}{2} = 10.5$

また，データの最小値は2，最大値は12より，求める箱ひげ図は次のようになる。

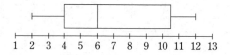

1　2　3　4　5　6　7　8　9　10　11　12　13

答（ウ）④

(3) 2進数を10進数で表すと，$1_{(2)} = 2^0 = 1$，$10_{(2)} = 2^1 = 2$，$100_{(2)} = 2^2 = 4$，… となるので，

$$111011_{(2)} = 2^5 + 2^4 + 2^3 + 2^1 + 2^0$$
$$= 32 + 16 + 8 + 2 + 1$$
$$= \mathbf{59}$$

答（エ）**5**　（オ）**9**

(4)

$$
\begin{array}{r}
x^2 + 5x - 3 \\
2x-1 \overline{)\, 2x^3 + 9x^2 - 11x + 10} \\
\underline{2x^3 - x^2} \\
10x^2 - 11x \\
\underline{10x^2 - 5x} \\
- 6x + 10 \\
\underline{- 6x + 3} \\
7
\end{array}
$$

上記の筆算より，商は $x^2 + 5x - 3$，余りは**7**

答（カ）**5**　（キ）**3**　（ク）**7**

(5) △ABC の外接円の半径を R とすると,

正弦定理 $\dfrac{AB}{\sin C} = 2R$ より,

$$\dfrac{4}{\sin C} = 2 \cdot 6$$

$$\sin C = \dfrac{4}{12} = \dfrac{1}{3}$$

答 (ケ) 1 (コ) 3

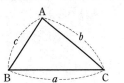

【参考】正弦定理

$$\dfrac{a}{\sin A} = \dfrac{b}{\sin B} = \dfrac{c}{\sin C} = 2R$$

(R は△ABC の外接円の半径)

(6) $\{a_n\}$ は等差数列なので,初項を a,公差を d とすると,
一般項 a_n は,

$$a_n = a + (n-1)d$$

と表される。

$a_8 = 40$, $a_{12} = 64$ より,

$$\begin{cases} a + (8-1)d = 40 & \cdots\cdots① \\ a + (12-1)d = 64 & \cdots\cdots② \end{cases}$$

②−①より, $4d = 24$ $d = 6$

①に代入し, $a = -2$

これにより,一般項 a_n は

$$a_n = -2 + (n-1) \cdot 6 = 6n - 8$$

【参考】等差数列の一般項

初項 a,公差 d である等差数列の
一般項 a_n は

$$a_n = a + (n-1)d$$

答 (サ) 6 (シ) 8

2 放物線 $y=x^2+14x+50$ ……① について，次の問いに答えなさい。

(1) 放物線①の頂点は，点 ア である。 ア に最も適するものを下の選択肢から選び，
番号で答えなさい。

〈選択肢〉
① (7, 1) ② (7, −1) ③ (−7, 1) ④ (−7, −1)
⑤ (5, 25) ⑥ (5, −25) ⑦ (−5, 25) ⑧ (−5, −25)

(2) $-9 \leqq x \leqq -6$ における y の

最大値は イ

最小値は ウ

である。

(3) 放物線①を y 軸方向に -7 だけ平行移動したグラフは，x 軸と異なる2点 A，B で交わる。こ
のとき，線分 AB の長さは

エ $\sqrt{}$ オ

である。

解 説

(1) $y=x^2+14x+50$

$= (x+7)^2-7^2+50$

$= (x+7)^2+1$

よって，放物線①の頂点は，点$(-7, 1)$

答（ア）③

(2) $-9 \leqq x \leqq -6$ のとき，放物線①のグラフは右のようになる。

右のグラフより，y は $x=-9$ で最大となり，

$x=-7$ で最小となる。

$x=-9$ のとき，$y=(-9+7)^2+1=5$

$x=-7$ のとき，$y=1$

よって，最大値は**5**，最小値は**1**

答（イ）**5** （ウ）**1**

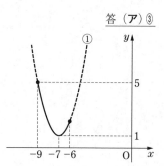

(3) 放物線①を y 軸方向に -7 だけ平行移動した放物線の式は，

$y=x^2+14x+50-7$

$= x^2+14x+43$ ……②

$y=0$ のとき，

$x^2+14x+43=0$

$x=\dfrac{-14\pm\sqrt{14^2-4\cdot1\cdot43}}{2}$

$= \dfrac{-14\pm2\sqrt{6}}{2}$

$= -7\pm\sqrt{6}$

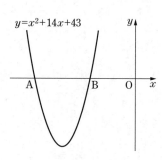

すなわち，点 A，B の座標は，それぞれ $(-7-\sqrt{6},\ 0)$，$(-7+\sqrt{6},\ 0)$

$$AB = (-7+\sqrt{6}) - (-7-\sqrt{6})$$
$$= 2\sqrt{6}$$

答（エ）2　（オ）6

---

3 赤，白，青のカードが 3 枚ずつあり，どの色のカードにも 1 から 3 までの数字が 1 つずつ書かれている。この 9 枚のカードから同時に 3 枚を取り出すとき，次の問いに答えなさい。

(1) 3 枚のカードの取り出し方は全部で

　　　$\boxed{ア}\boxed{イ}$ 通り

　ある。

(2) 取り出したカードの中に赤のカードが 1 枚も含まれない確率は

　　　$\dfrac{\boxed{ウ}}{\boxed{エ}\boxed{オ}}$

　である。

(3) 取り出したカードが色も番号もすべて異なる確率は

　　　$\dfrac{\boxed{カ}}{\boxed{キ}\boxed{ク}}$

　である。

解　説

(1) 全て区別の出来るカードなので，9 枚から 3 枚を取り出す組み合わせである。

$$_9C_3 = \frac{9\cdot8\cdot7}{3\cdot2\cdot1} = 84 \ （通り）$$

答（ア）8　（イ）4

(2) 白と青の 6 枚から 3 枚を取り出す組み合わせは，

$$_6C_3 = \frac{6\cdot5\cdot4}{3\cdot2\cdot1} = 20 \ （通り）$$

これは赤のカードが 1 枚も含まれない取り出し方である。

また，(1)より全事象は 84 通りである。すなわち，赤のカードが 1 枚も含まれない確率は，

$$\frac{20}{84} = \frac{5}{21}$$

答（ウ）5　（エ）2　（オ）1

(3) 取り出したカードの色も番号もすべて異なるということは，赤，白，青のカードが 1 枚ずつであり，数字も 1，2，3 が 1 枚ずつとなっている。取り出したカードを左から赤，白，青の順に並べたとすると，そこに並ぶ数字は，

　　　$3! = 3\times2\times1 = 6 \ （通り）$

があり得る。よって，求める確率は，

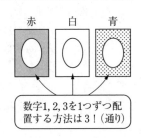

数字 1，2，3 を 1 つずつ配置する方法は 3!（通り）

$$\frac{6}{84}=\frac{1}{14}$$

答 **（カ）1　（キ）1　（ク）4**

---

4 方程式 $x^2+y^2+2ax-6y+2a=0$ ……①

は円を表す。このとき，次の問いに答えなさい。ただし，a は正の定数とする。

(1) $a=2$ のとき，円①の

　　中心の座標は（　**ア　イ**　，　**ウ**　），半径は　**エ**

　である。

(2) 円①の半径が $2\sqrt{11}$ より大きいとき

　　　オ　$<a$

　である。

(3) 円①が直線 $y=x$ に接するとき

　　　$a=$　**カ**　，　**キ**

　である。ただし，　**カ**　$<$　**キ**　とする。

解　説

(1) ①の方程式を，x，y のそれぞれについて平方完成する。

$$(x+a)^2+(y-3)^2-a^2-9+2a=0$$
$$(x+a)^2+(y-3)^2=a^2-2a+9 \quad ……②$$

ここで，$a=2$ のとき，

$$(x+2)^2+(y-3)^2=2^2-2\times2+9$$
$$(x+2)^2+(y-3)^2=3^2$$

すなわち，円の中心の座標は $(-2,\ 3)$ で，

半径は 3

答 **（ア）$-$　（イ）2　（ウ）3　（エ）3**

【参考】円の方程式

中心 $(p,\ q)$，半径 r の円の方程式は，

$$(x-p)^2+(y-q)^2=r^2$$

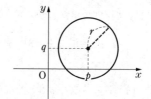

(2) ②の式の右辺について，

$$a^2-2a+9=(a-1)^2+8>0$$

より，a が正のどの値を取っても，①は円を表す。

①の半径は，②の式より $\sqrt{a^2-2a+9}$ である。

半径が $2\sqrt{11}$ より大きいから

$$\sqrt{a^2-2a+9}>2\sqrt{11}$$

両辺を2乗して，

$$a^2-2a+9>44$$
$$a^2-2a-35>0$$
$$(a+5)(a-7)>0$$
$$a<-5,\ 7<a$$

a は正の定数なので，$7<a$ である。

【参考】2次不等式の解の範囲

2次不等式 $(x+5)(x-7)>0$

　⇔　$y=(x+5)(x-7)$ で，$y>0$

　⇔　下図より，$x<-5,\ 7<x$

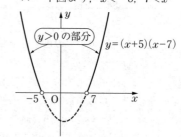

答 **（オ）7**

(3) 円①が直線 $y=x$ と接するとき，円①の中心Ｃと直線 $y=x$ の距離は，円①の半径と等しい。

円①の中心Ｃは $(-a,\ 3)$ であり，直線 $y=x$ は

方程式 $x-y=0$ と表せるので，Ｃとの距離は，

$$\frac{|-a-3|}{\sqrt{1^2+(-1)^2}}=\frac{|a+3|}{\sqrt{2}}$$

また，円①の半径は $\sqrt{a^2-2a+9}$ なので，

$$\frac{|a+3|}{\sqrt{2}}=\sqrt{a^2-2a+9}$$

両辺を2乗して，

$$\frac{(a+3)^2}{2}=a^2-2a+9$$

$$a^2+6a+9=2a^2-4a+18$$

$$a^2-10a+9=0$$

$$(a-1)(a-9)=0$$

$$a=1,\ 9$$

どちらの解も上記の条件を満たす。

> **【参考】点と直線の距離**
>
> 点$(p,\ q)$ と直線 $ax+by+c=0$
> の距離 d は
> $$d=\frac{|ap+bq+c|}{\sqrt{a^2+b^2}}$$

答 **（カ）1　（キ）9**

【別解】 円①の方程式と，直線 $y=x$ の方程式を連立する。

$$\begin{cases} x^2+y^2+2ax-6y+2a=0 & \cdots\cdots① \\ y=x & \cdots\cdots③ \end{cases}$$

①に③を代入し，

$$x^2+x^2+2ax-6x+2a=0$$

$$2x^2+2(a-3)x+2a=0$$

$$x^2+(a-3)x+a=0 \quad \cdots\cdots④$$

円①と直線 $y=x$ が接するとき，④は

解を1つだけもつ。すなわち，判別式 $D=0$

となる。

$$D=(a-3)^2-4\cdot1\cdot a=0$$

$$a^2-6x+9-4a=0$$

$$a^2-10a+9=0$$

$$(a-1)(a-9)=0$$

$$a=1,\ 9$$

どちらの解も上記の条件を満たす。

> **【参考】2次方程式の実数解の個数**
>
> 2次方程式 $ax^2+bx+c=0$ におい
> て，判別式 $D=b^2-4ac$ の符号は実数
> 解の個数を表す。
>
> $D>0$ のとき，実数解を2つもつ
>
> $D=0$ のとき，実数解を1つもつ
>
> （重解）
>
> $D<0$ のとき，実数解をもたない

5 次の各問いに答えなさい。

(1) $\pi < \theta < 2\pi$ で，$\cos\theta = -\dfrac{1}{3}$ のとき

$$\sin\theta = \boxed{\ ア\ }, \quad \tan\theta = \boxed{\ イ\ }$$

である。$\boxed{\ ア\ }$，$\boxed{\ イ\ }$ に最も適するものを下の選択肢から選び，番号で答えなさい。ただし，同じものを繰り返し選んでもよい。

┌─〈選択肢〉─────────────────────────────────┐

① $\dfrac{\sqrt{2}}{4}$　　② $\dfrac{2}{3}$　　③ $\dfrac{2\sqrt{2}}{3}$　　④ $2\sqrt{2}$

⑤ $-\dfrac{\sqrt{2}}{4}$　　⑥ $-\dfrac{2}{3}$　　⑦ $-\dfrac{2\sqrt{2}}{3}$　　⑧ $-2\sqrt{2}$

└──────────────────────────────────────┘

(2) α が第 4 象限の角，β が第 1 象限の角であり，$\cos\alpha = \dfrac{4}{5}$，$\sin\beta = \dfrac{4}{5}$ のとき

$$\sin(\alpha + \beta) = \frac{\boxed{\ ウ\ }}{\boxed{\ エ\ }\boxed{\ オ\ }}$$

である。

(3) $0 \leqq \theta < 2\pi$ のとき，方程式 $\cos 2\theta + 3\sin\theta = 2$ を解くと

$$\theta = \frac{\pi}{\boxed{\ カ\ }}, \quad \frac{\pi}{\boxed{\ キ\ }}, \quad \frac{\boxed{\ ク\ }}{\boxed{\ カ\ }}\pi$$

である。ただし，$\dfrac{\pi}{\boxed{\ カ\ }} < \dfrac{\pi}{\boxed{\ キ\ }} < \dfrac{\boxed{\ ク\ }}{\boxed{\ カ\ }}\pi$ とする。

解 説

(1) $\sin^2\theta + \cos^2\theta = 1$ より，

$$\sin^2\theta = 1 - \cos^2\theta = 1 - \frac{1}{9} = \frac{8}{9}$$

$\pi < \theta < 2\pi$ より，$\sin\theta < 0$ なので，

$$\sin\theta = -\sqrt{\frac{8}{9}} = -\frac{2\sqrt{2}}{3}$$

$$\tan\theta = \frac{\sin\theta}{\cos\theta} = \frac{-\dfrac{2\sqrt{2}}{3}}{-\dfrac{1}{3}} = 2\sqrt{2}$$

┌─【参考】三角比の相互関係─┐

$$\sin^2\theta + \cos^2\theta = 1$$

$$\tan\theta = \frac{\sin\theta}{\cos\theta}$$

$$\tan^2\theta + 1 = \frac{1}{\cos^2\theta}$$

└────────────────────┘

答 （ア）⑦ （イ）④

(2)　$\sin^2\alpha = 1 - \dfrac{16}{25} = \dfrac{9}{25}$,　$\cos^2\beta = 1 - \dfrac{16}{25} = \dfrac{9}{25}$

　　α は第 4 象限の角なので $\sin\alpha < 0$, β は第 1 象限の

　角なので $\cos\beta > 0$ であり,

　　　　$\sin\alpha = -\dfrac{3}{5}$,　$\cos\beta = \dfrac{3}{5}$

　加法定理より,

　　　　$\sin(\alpha + \beta) = \sin\alpha\cos\beta + \cos\alpha\sin\beta$

　　　　　　　　　$= \left(-\dfrac{3}{5}\right)\cdot\dfrac{3}{5} + \dfrac{4}{5}\cdot\dfrac{4}{5}$

　　　　　　　　　$= \dfrac{7}{25}$

【参考】加法定理

$\sin(\alpha + \beta) = \sin\alpha\cos\beta + \cos\alpha\sin\beta$

$\sin(\alpha - \beta) = \sin\alpha\cos\beta - \cos\alpha\sin\beta$

$\cos(\alpha + \beta) = \cos\alpha\cos\beta - \sin\alpha\sin\beta$

$\cos(\alpha - \beta) = \cos\alpha\cos\beta + \sin\alpha\sin\beta$

$\tan(\alpha + \beta) = \dfrac{\tan\alpha + \tan\beta}{1 - \tan\alpha\tan\beta}$

$\tan(\alpha - \beta) = \dfrac{\tan\alpha - \tan\beta}{1 + \tan\alpha\tan\beta}$

答　（ウ）7　（エ）2　（オ）5

(3)　$\cos2\theta = 1 - 2\sin^2\theta$ より,

　　　　$\cos2\theta + 3\sin\theta = 2$

　　　　$(1 - 2\sin^2\theta) + 3\sin\theta = 2$

　　　　$2\sin^2\theta - 3\sin\theta + 1 = 0$

　　　　$(\sin\theta - 1)(2\sin\theta - 1) = 0$

　　　　$\sin\theta = 1,\ \dfrac{1}{2}$

　$0 \leqq \theta < 2\pi$ より,

　　　　$\sin\theta = 1$ のとき $\theta = \dfrac{\pi}{2}$,

　　　　$\sin\theta = \dfrac{1}{2}$ のとき $\theta = \dfrac{\pi}{6},\ \dfrac{5}{6}\pi$

　よって,　$\theta = \dfrac{\pi}{6},\ \dfrac{\pi}{2},\ \dfrac{5}{6}\pi$

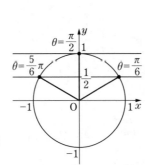

【参考】2倍角の公式

$\sin2\alpha = 2\sin\alpha\cos\alpha$

$\cos2\alpha = \begin{cases} \cos^2\alpha - \sin^2\alpha \\ 1 - 2\sin^2\alpha \\ 2\cos^2\alpha - 1 \end{cases}$

$\tan2\alpha = \dfrac{2\tan\alpha}{1 - \tan^2\alpha}$

答　（カ）6　（キ）2　（ク）5

6 次の各問いに答えなさい。

(1) $1024^{\frac{1}{4}} = \boxed{\text{ア}}\sqrt{\boxed{\text{イ}}}$

である。

(2) $(\log_2 3 + \log_4 9)(\log_9 4 - \log_3 16) = \boxed{\text{ウ}\;\text{エ}}$

である。

(3) 不等式 $\log_5 \dfrac{x+1}{3} + \log_5 (x-9) < 2$ の解は

$\boxed{\text{オ}} < x < \boxed{\text{カ}\;\text{キ}}$

である。

解 説

(1)
$$(1024)^{\frac{1}{4}} = \{(2)^{10}\}^{\frac{1}{4}}$$
$$= (2)^{10 \times \frac{1}{4}}$$
$$= 2^{\frac{5}{2}}$$
$$= 2^2 \times 2^{\frac{1}{2}}$$
$$= 4\sqrt{2}$$

【参考】指数法則

$a^m \times a^n = a^{m+n}, \quad a^m \div a^n = a^{m-n}$

$(a^m)^n = a^{mn}$

$a^{-p} = \dfrac{1}{a^p}, \quad a^{\frac{n}{m}} = \sqrt[m]{a^n}$

答（ア）4　（イ）2

(2) 底の変換により，

$$\log_4 9 = \frac{\log_2 9}{\log_2 4} = \frac{\log_2 3^2}{2} = \frac{2\log_2 3}{2} = \log_2 3$$

$$\log_9 4 = \frac{\log_3 4}{\log_3 9} = \frac{\log_3 2^2}{2} = \frac{2\log_3 2}{2} = \log_3 2$$

よって，

$$(\log_2 3 + \log_4 9)(\log_9 4 - \log_3 16)$$
$$= (\log_2 3 + \log_2 3)(\log_3 2 - \log_3 2^4)$$
$$= (\log_2 3 + \log_2 3)(\log_3 2 - 4\log_3 2)$$
$$= 2\log_2 3(-3\log_3 2)$$
$$= -6\log_2 3 \cdot \frac{\log_2 2}{\log_2 3}$$
$$= -6$$

【参考】対数の性質

和：$\log_a x + \log_a y = \log_a xy$

差：$\log_a x - \log_a y = \log_a \dfrac{x}{y}$

定数倍：$k\log_a x = \log_a x^k$

底の変換：$\log_x y = \dfrac{\log_a y}{\log_a x} \quad (a > 0)$

答（ウ）−　（エ）6

【別解】　次のように，底を 2 にそろえて，
$$(\log_2 3 + \log_4 9)(\log_9 4 - \log_3 16)$$
$$= \left(\log_2 3 + \frac{\log_2 9}{\log_2 4}\right)\left(\frac{\log_2 4}{\log_2 9} - \frac{\log_2 16}{\log_2 3}\right)$$

として計算することもできる。

(3) 真数条件により，

$$\frac{x+1}{3}>0 \quad かつ \quad x-9>0$$

$$x>-1 \quad かつ \quad x>9 \quad なので，x>9 \quad \cdots\cdots①$$

①において，$\log_5\frac{x+1}{3}+\log_5(x-9)<2$ を解く。

$$\log_5\left\{\frac{x+1}{3}\times(x-9)\right\}<\log_5 25$$

底 5 は 1 より大きいから，

$$\frac{(x+1)(x-9)}{3}<25$$

$$x^2-8x-9<75$$

$$x^2-8x-84<0$$

$$(x+6)(x-14)<0$$

$$-6<x<14 \quad \cdots\cdots②$$

①，②の共通範囲を求めると，$9<x<14$

【参考】真数条件
対数における真数は正でなければ
ならない。すなわち，対数 $\log_a x$ は
$x>0$ でなければならない。

【参考】底の範囲と不等式
$a>1$ のとき，
$$\log_a x>\log_a y \quad \Leftrightarrow \quad x>y$$
$0<a<1$ のとき，
$$\log_a x>\log_a y \quad \Leftrightarrow \quad x<y$$

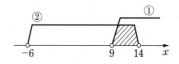

答（オ）9 （カ）1 （キ）4

---

7 次の各問いに答えなさい。

(1) 関数 $y=x^3-x^2-x$ $\cdots\cdots①$ について

　(i) 関数①のグラフ上の点 $P(-1, -1)$ における接線の方程式は

$$y=\boxed{\text{ア}}x+\boxed{\text{イ}}$$

　である。

　(ii) 関数①の極大値は

$$\frac{\boxed{\text{ウ}}}{\boxed{\text{エ}}\boxed{\text{オ}}}$$

　である。

(2) 放物線 $y=-x^2+4x-3$ $\cdots\cdots②$ について

　放物線②の頂点を通り x 軸に平行な直線，x 軸，y 軸，および
放物線②で囲まれた右の図の斜線部分の面積は

$$\frac{\boxed{\text{カ}}}{\boxed{\text{キ}}}$$

　である。

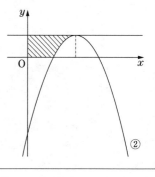

(1)　(i)　関数 $y=x^3-x^2-x$　……①　を x で微分すると，
$$y'=3x^2-2x-1$$
$x=-1$ のとき，
$$y'=3\cdot(-1)^2-2\cdot(-1)-1=4$$
より，求める接線は点 $(-1,\ -1)$ を通り，傾き 4 である。
すなわち，接線の方程式は，
$$y-(-1)=4\{x-(-1)\}$$
$$y=4(x+1)-1$$
$$y=4x+\mathbf{3}$$

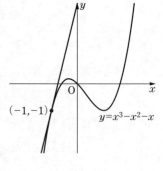

答　(ア) **4**　(イ) **3**

(ii)　(i)より，$y'=3x^2-2x-1$ において，$y'=0$ のとき，
$$3x^2-2x-1=0$$
$$(x-1)(3x+1)=0$$
$$x=1,\ -\frac{1}{3}$$

すなわち，増減表は右の表のようになり，$x=-\dfrac{1}{3}$ で
極大値をとる。

x	$\cdots$	$-\dfrac{1}{3}$	$\cdots$	1	$\cdots$
y'	$+$	0	$-$	0	$+$
y	↗	極大	↘	極小	↗

$x=-\dfrac{1}{3}$ のとき，
$$y=\left(-\frac{1}{3}\right)^3-\left(-\frac{1}{3}\right)^2-\left(-\frac{1}{3}\right)$$
$$=-\frac{1}{27}-\frac{1}{9}+\frac{1}{3}$$
$$=\frac{5}{27}$$

答　(ウ) **5**　(エ) **2**　(オ) **7**

(2)　放物線 $y=-x^2+4x-3$ の右辺を平方完成し，
$$y=-(x^2-4x)-3$$
$$=-\{(x-2)^2-4\}-3$$
$$=-(x-2)^2+1$$
よって，放物線の頂点は，点 $(2,\ 1)$ である。
また，$y=0$ のとき，
$$-x^2+4x-3=0$$
$$x^2-4x+3=0$$
$$(x-1)(x-3)=0$$
$$x=1,\ 3$$
すなわち，放物線 $y=-x^2+4x-3$ と x 軸との
交点は，$(1,\ 0),\ (3,\ 0)$ である。
次ページの図 1 のように，求める面積を A，B に分けると，

【参考】曲線と x 軸の間の面積

曲線 $y=f(x)$ と x 軸，2 直線 $x=a$，
$x=b$ で囲まれる図形の面積 S は
$$S=\int_a^b f(x)\,dx$$

A の面積は，$1 \times 1 = 1$

B の面積は，

$$\int_1^2 \{1-(-x^2+4x-3)\}\,dx = \int_1^2 (x^2-4x+4)\,dx$$

$$= \left[\frac{x^3}{3}-2x^2+4x\right]_1^2$$

$$= \left(\frac{8}{3}-8+8\right)-\left(\frac{1}{3}-2+4\right)$$

$$= \frac{8}{3}-\frac{7}{3}$$

$$= \frac{1}{3}$$

求める面積は A と B の和なので，$1+\dfrac{1}{3}=\dfrac{4}{3}$

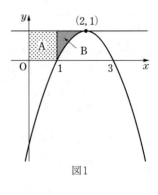

図1

答（**カ**）4　（**キ**）3

【**別解**】　図2のように2つの図形を A′，B′ とする。

　　　　A′ と B′ の面積の和は $2 \times 1 = 2$

　　　　B′ の面積は $\displaystyle\int_1^2 (-x^2+4x-3)\,dx$ なので，

求める A′ の面積は，

$$2-\int_1^2 (-x^2+4x-3)\,dx$$

$$= 2-\left[-\frac{x^3}{3}+2x^2-3x\right]_1^2$$

$$= 2-\left(-\frac{8}{3}+8-6\right)+\left(-\frac{1}{3}+2-3\right)$$

$$= \frac{4}{3}$$

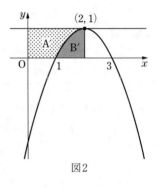

図2

また，図3のように A″，B″ とすると，

　　　　A″ と B″ の面積の和は $\displaystyle\int_0^2 \{1-(-x^2+4x-3)\}\,dx$，

　　　　B″ の面積は $\displaystyle\int_0^1 \{0-(-x^2+4x-3)\}\,dx$ なので，

求める A″ の面積は，

$$\int_0^2 \{1-(-x^2+4x-3)\}\,dx-\int_0^1 \{0-(-x^2+4x-3)\}\,dx$$

を計算して求めることもできる。

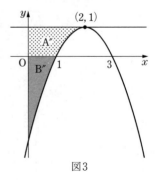

図3

8 次の各問いに答えなさい。

(1) 2つのベクトル $\vec{a} = (-1, 2)$, $\vec{b} = (5, 4)$ について

$$|\vec{a}| = \sqrt{\boxed{\text{ア}}}, \quad \vec{a} \cdot \vec{b} = \boxed{\text{イ}}$$

である。

(2) △ABC で, $AB = 3$, $AC = 2$, $\cos \angle BAC = \dfrac{1}{3}$ のとき, ∠BAC の二等分線と辺 BC との交点を D とすると

$$\overrightarrow{AD} = \frac{\boxed{\text{ウ}}}{\boxed{\text{エ}}} \overrightarrow{AB} + \frac{\boxed{\text{オ}}}{\boxed{\text{エ}}} \overrightarrow{AC}$$

であり

$$|\overrightarrow{AD}| = \frac{\boxed{\text{カ}} \sqrt{\boxed{\text{キ}}}}{\boxed{\text{ク}}}$$

である。

解 説

(1) $\vec{a} = (-1, 2)$, $\vec{b} = (5, 4)$ について,
$\vec{a}$ の大きさ $|\vec{a}|$ は,
$$|\vec{a}| = \sqrt{(-1)^2 + 2^2} = \sqrt{5}$$
また, 内積 $\vec{a} \cdot \vec{b}$ は,
$$\vec{a} \cdot \vec{b} = (-1) \times 5 + 2 \times 4 = 3$$

<u>答 (ア) 5 (イ) 3</u>

> 【参考】ベクトルの大きさ・内積1
>
> $\vec{a} = (a_1, a_2)$, $\vec{b} = (b_1, b_2)$ とするとき,
> $\vec{a}$ の大きさ $|\vec{a}|$ は,
> $$|\vec{a}| = \sqrt{a_1^2 + a_2^2}$$
> 内積 $\vec{a} \cdot \vec{b}$ は,
> $$\vec{a} \cdot \vec{b} = a_1 b_1 + a_2 b_2$$

(2) AD は∠BAC の二等分線なので,
$BD : CD = AB : AC = 3 : 2$ である。
　点 D は辺 BC を $3 : 2$ に内分する点であるから,
$$\overrightarrow{AD} = \frac{2\overrightarrow{AB} + 3\overrightarrow{AC}}{3 + 2}$$
$$= \frac{2}{5}\overrightarrow{AB} + \frac{3}{5}\overrightarrow{AC}$$

また,

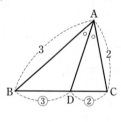

> 【参考】内分点の位置ベクトル
>
> 2点 B($\overrightarrow{AB}$), C($\overrightarrow{AC}$)を結ぶ
> 線分 BC を $m:n$ に内分する点 D の
> ベクトル $\overrightarrow{AD}$ は,
> $$\overrightarrow{AD} = \frac{n\overrightarrow{AB} + m\overrightarrow{AC}}{m + n} \quad \text{と表せる。}$$

$$|\overrightarrow{AD}|^2 = \left| \frac{2}{5}\overrightarrow{AB} + \frac{3}{5}\overrightarrow{AC} \right|^2$$

$$= \left| \frac{2}{5}\overrightarrow{AB} \right|^2 + 2\left(\frac{2}{5}\overrightarrow{AB} \right) \cdot \left(\frac{3}{5}\overrightarrow{AC} \right) + \left| \frac{3}{5}\overrightarrow{AC} \right|^2$$

$$= \frac{4}{25}|\overrightarrow{AB}|^2 + \frac{12}{25}\overrightarrow{AB} \cdot \overrightarrow{AC} + \frac{9}{25}|\overrightarrow{AC}|^2$$

$$= \frac{4}{25} \cdot 9 + \frac{12}{25}|\overrightarrow{AB}||\overrightarrow{AC}|\cos\angle BAC + \frac{9}{25} \cdot 4$$

> 【参考】ベクトルの計算
> $$|\vec{a} + \vec{b}|^2 = |\vec{a}|^2 + 2\vec{a} \cdot \vec{b} + |\vec{b}|^2$$

> 【参考】ベクトルの内積2
>
> $\vec{a}$ と $\vec{b}$ のなす角を θ とするとき,
> 内積 $\vec{a} \cdot \vec{b}$ は
> $$\vec{a} \cdot \vec{b} = |\vec{a}||\vec{b}|\cos\theta$$

$$= \frac{72}{25} + \frac{12}{25} \cdot 3 \cdot 2 \cdot \frac{1}{3}$$

$$= \frac{96}{25}$$

$|\overrightarrow{\mathrm{AD}}| \geqq 0$ より,

$$|\overrightarrow{\mathrm{AD}}| = \sqrt{\frac{96}{25}}$$

$$= \frac{4\sqrt{6}}{5}$$

答 (ウ) 2 (エ) 5 (オ) 3 (カ) 4 (キ) 6 (ク) 5

数学　9月実施　文系　　正解と配点　（70分，100点満点）

問題番号	設問	正解	配点
1	(1)	ア	3	2
		イ	8	2
	(2)	ウ	④	4
	(3)	エ	5	4
		オ	9	
	(4)	カ	5	2
		キ	3	
		ク	7	2
	(5)	ケ	1	4
		コ	3	
	(6)	サ	6	4
		シ	8	
2	(1)	ア	③	3
	(2)	イ	5	2
		ウ	1	2
	(3)	エ	2	4
		オ	6	
3	(1)	ア	8	3
		イ	4	
	(2)	ウ	5	4
		エ	2	
		オ	1	
	(3)	カ	1	4
		キ	1	
		ク	4	
4	(1)	ア	－	2
		イ	2	
		ウ	3	
	(2)	エ	3	2
		オ	7	3
	(3)	カ	1	4
		キ	9	

問題番号	設問	正解	配点
5	(1)	ア	⑦	2
		イ	④	2
	(2)	ウ	7	3
		エ	2	
		オ	5	
	(3)	カ	6	4
		キ	2	
		ク	5	
6	(1)	ア	4	3
		イ	2	
	(2)	ウ	－	4
		エ	6	
	(3)	オ	9	4
		カ	1	
		キ	4	
7	(1)	ア	4	3
		イ	3	
		ウ	5	3
		エ	2	
		オ	7	
	(2)	カ	4	4
		キ	3	
8	(1)	ア	5	2
		イ	3	2
	(2)	ウ	2	3
		エ	5	
		オ	3	
		カ	4	4
		キ	6	
		ク	5	

1 次の各問いに答えなさい。ただし，(3)，(8)の i は虚数単位とする。

(1) 2次関数 $y = -x^2 + 2x - 2$ のグラフを x 軸方向に1，y 軸方向に -3 だけ平行移動したグラフを表す式は

$$y = -x^2 + \boxed{\text{ア}}\, x - \boxed{\text{イ}}$$

である。

(2) $\triangle ABC$ において，$BC = \sqrt{6}$，$CA = 2$，$AB = \sqrt{2}$ であるとき

$$\cos B = \frac{\sqrt{\boxed{\text{ウ}}}}{\boxed{\text{エ}}}$$

である。

(3) $\dfrac{3}{1+i} - \dfrac{i}{1-i} = \boxed{\text{オ}} - \boxed{\text{カ}}\, i$

である。

(4) x についての整式 $x^3 + ax^2 + bx - 17$ を $x^2 - 2x - 3$ で割ると，余りが $9x - 2$ となるとき

$$a = \boxed{\text{キ}}, \; b = \boxed{\text{ク}\text{ケ}}$$

である。

(5) 円 $x^2 + y^2 = 7$ と直線 $3x - 4y = 10$ の2つの交点をA，Bとするとき，線分 AB の長さは

$$\boxed{\text{コ}}\,\sqrt{\boxed{\text{サ}}}$$

である。

(6) $\left(2^{\frac{1}{3}} + 2^{-\frac{1}{3}}\right)\left(2^{\frac{2}{3}} - 1 + 2^{-\frac{2}{3}}\right) = \dfrac{\boxed{\text{シ}}}{\boxed{\text{ス}}}$

である。

(7) 楕円 $4x^2 + y^2 = 4$ の焦点の座標は $\boxed{\text{セ}}$ である。$\boxed{\text{セ}}$ に最も適するものを下の選択肢から選び，番号で答えなさい。

〈選択肢〉
① $(\pm 3, \, 0)$　　② $(\pm\sqrt{3}, \, 0)$　　③ $(\pm 5, \, 0)$　　④ $(\pm\sqrt{5}, \, 0)$
⑤ $(0, \, \pm 3)$　　⑥ $(0, \, \pm\sqrt{3})$　　⑦ $(0, \, \pm 5)$　　⑧ $(0, \, \pm\sqrt{5})$

(8) $z = \sqrt{2}\left(\cos\dfrac{\pi}{6} + i\sin\dfrac{\pi}{6}\right)$ のとき

$$z^6 = \boxed{\text{ソ}\text{タ}}$$

である。

(1)
$$y = -x^2 + 2x - 2$$
$$= -(x^2 - 2x) - 2$$
$$= -\{(x-1)^2 - 1\} - 2$$
$$= -(x-1)^2 - 1$$

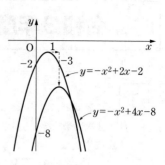

よって，放物線のグラフの頂点は，点$(1, -1)$

頂点をx軸方向に1，y軸方向に-3だけ移動すると

x座標：$1 + 1 = 2$　　y座標：$-1 - 3 = -4$

すなわち，頂点が点$(2, -4)$となるので，移動後のグラフを表す式は

$$y = -(x-2)^2 - 4$$
$$= -(x^2 - 4x + 4) - 4$$
$$= -x^2 + 4x - 8$$

答　（ア）4　（イ）8

【別解】　右の平行移動の公式を用いて，移動後のグラフを表す式は

$$y - (-3) = -(x-1)^2 + 2(x-1) - 2$$
$$y + 3 = -x^2 + 2x - 1 + 2x - 2 - 2$$
$$y = -x^2 + 4x - 8$$

【参考】グラフの平行移動

関数 $y = f(x)$ を x軸方向へp，y軸方向へqだけ平行移動したグラフを表す式は
$$y - q = f(x - p)$$

(2)　$\triangle ABC$ において，余弦定理より

$$\cos B = \frac{AB^2 + BC^2 - CA^2}{2AB \cdot BC}$$
$$= \frac{(\sqrt{2})^2 + (\sqrt{6})^2 - 2^2}{2 \cdot \sqrt{2} \cdot \sqrt{6}}$$
$$= \frac{2 + 6 - 4}{4\sqrt{3}}$$
$$= \frac{1}{\sqrt{3}} = \frac{\sqrt{3}}{3}$$

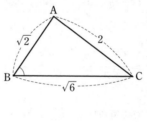

【参考】余弦定理
$$\cos B = \frac{AB^2 + BC^2 - CA^2}{2AB \cdot BC}$$

答　（ウ）3　（エ）3

(3)
$$\frac{3}{1+i} - \frac{i}{1-i} = \frac{3(1-i) - i(1+i)}{(1+i)(1-i)}$$
$$= \frac{3 - 3i - i - i^2}{1 - i^2}$$
$$= \frac{3 - 4i + 1}{1 + 1}$$
$$= 2 - 2i$$

答　（オ）2　（カ）2

【参考】分母の実数化

分母が複素数の場合，分母と共役な複素数を分母と分子に掛けることで，分母が実数になる。

$$\frac{a + bi}{c + di} = \frac{(a + bi)(c - di)}{(c + di)(c - di)}$$
$$= \frac{(ac + bd) + (bc - ad)i}{c^2 + d^2}$$

(4) 商を $x+c$ とすると
$$x^3+ax^2+bx-17=(x+c)(x^2-2x-3)+(9x-2)$$
$$=x^3-2x^2-3x+cx^2-2cx-3c+9x-2$$
$$=x^3+(c-2)x^2+(-2c+6)x+(-3c-2)$$

x の恒等式であるから，同じ次数の項の係数を比較して
$$a=c-2,\ b=-2c+6,\ -17=-3c-2$$
すなわち，
$$a=\mathbf{3},\ b=\mathbf{-4},\ c=\mathbf{5}$$

【別解】 $P(x)=x^3+ax^2+bx-17$ ……① とおき，
　　　　$P(x)$ を x^2-2x-3 で割ったときの商を
　　　　$Q(x)$ とすると
$$P(x)=Q(x)(x^2-2x-3)+(9x-2)$$
$$=Q(x)(x+1)(x-3)+(9x-2)\quad ……②$$

x^2-2x-3，すなわち $(x+1)(x-3)$ で割るので，
①，②において，剰余の定理より
$$\begin{cases}(-1)^3+a(-1)^2+b(-1)-17=Q(-1)(-1+1)(-1-3)+\{9\cdot(-1)-2\}\\ 3^3+a\cdot3^2+b\cdot3-17=Q(3)(3+1)(3-3)+(9\cdot3-2)\end{cases}$$
すなわち
$$\begin{cases}-1+a-b-17=-11\\ 27+9a+3b-17=25\end{cases}$$
よって
$$\begin{cases}a-b=7 & ……③\\ 3a+b=5 & ……④\end{cases}$$
③，④を解くと
$$a=\mathbf{3},\ b=\mathbf{-4}$$

答 **(キ) 3　(ク) −　(ケ) 4**

【参考】剰余の定理
　整式 $P(x)$ を1次式 $x-a$ で割ったときの余りは $P(a)$

(5) 円 $x^2+y^2=7$ は中心が原点 $(0,\ 0)$ で，半径が $\sqrt{7}$ なので
$$OA=\sqrt{7}$$
弦 AB の中点を M とし，点と直線の距離を表す式より，
$$OM=\frac{|-10|}{\sqrt{3^2+(-4)^2}}=\frac{10}{\sqrt{25}}=\frac{10}{5}=2$$
また，△OAB は OA＝OB の二等辺三角形で
$$\angle OMA=90°$$
であるから，△OMA において，三平方の定理より
$$AB=2AM=2\sqrt{OA^2-OM^2}$$
$$=2\sqrt{(\sqrt{7})^2-2^2}$$
$$=\mathbf{2\sqrt{3}}$$

答 **(コ) 2　(サ) 3**

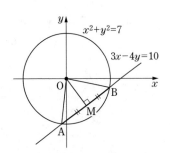

【参考】点と直線の距離
　点 $(p,\ q)$ と直線 $ax+by+c=0$ の距離 d は
$$d=\frac{|ap+bq+c|}{\sqrt{a^2+b^2}}$$

(6) 展開の公式

$$(x+y)(x^2-xy+y^2)=x^3+y^3$$

において，$x=2^{\frac{1}{3}}$，$y=2^{-\frac{1}{3}}$ とすると

$$\left(2^{\frac{1}{3}}+2^{-\frac{1}{3}}\right)\left\{\left(2^{\frac{1}{3}}\right)^2-2^{\frac{1}{3}}\cdot2^{-\frac{1}{3}}+\left(2^{-\frac{1}{3}}\right)^2\right\}=\left(2^{\frac{1}{3}}+2^{-\frac{1}{3}}\right)\left(2^{\frac{2}{3}}-1+2^{-\frac{2}{3}}\right)$$

$$=\left(2^{\frac{1}{3}}\right)^3+\left(2^{-\frac{1}{3}}\right)^3$$

$$=2^1+2^{-1}$$

$$=2+\frac{1}{2}=\frac{5}{2}$$

┌─【参考】指数（0乗）の定義─
$a\neq0$ のとき，
$$a^0=1$$
└─────────

答 （シ）**5** （ス）**2**

(7) $4x^2+y^2=4$ より

$$x^2+\frac{y^2}{4}=1$$

楕円 $x^2+\frac{y^2}{4}=1$ の焦点は

2点 $(0,\ \sqrt{4-1})$，
$\qquad(0,\ -\sqrt{4-1})$

よって，焦点の座標は

$$(0,\ \pm\sqrt{3})$$

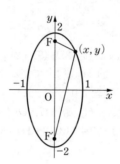

┌─【参考】楕円の焦点─
楕円 $\dfrac{x^2}{a^2}+\dfrac{y^2}{b^2}=1(b>a>0)$
について
$\quad$焦点 $\text{F}(0,\ \sqrt{b^2-a^2})$,
$\qquad\quad\text{F}'(0,\ -\sqrt{b^2-a^2})$
└─────────

答 （セ）⑥

(8) $z=\sqrt{2}\left(\cos\dfrac{\pi}{6}+i\sin\dfrac{\pi}{6}\right)$ において，

ド・モアブルの定理より

$$z^6=(\sqrt{2})^6\left(\cos\frac{\pi}{6}+i\sin\frac{\pi}{6}\right)^6$$

$$=2^3\left\{\cos\left(\frac{\pi}{6}\cdot6\right)+i\sin\left(\frac{\pi}{6}\cdot6\right)\right\}$$

$$=8(\cos\pi+i\sin\pi)$$

$$=8(-1+i\cdot0)=-8$$

┌─【参考】ド・モアブルの定理─
複素数 $z=r(\cos\theta+i\sin\theta)$，整数 n
について
$$z^n=\{r(\cos\theta+i\sin\theta)\}^n$$
$$=r^n(\cos n\theta+i\sin n\theta)$$
└─────────

答 （ソ）**－** （タ）**8**

2 次の各問いに答えなさい。

(1) 右の図は，4つの都市，A市，B市，C市，D市のある年における1月から12月までの月ごとの平均気温のデータを箱ひげ図に表したものである。次の①〜④のうち，これらの箱ひげ図から読み取れることとして正しいものは ア である。

ア に最も適するものを下の選択肢から選び，番号で答えなさい。

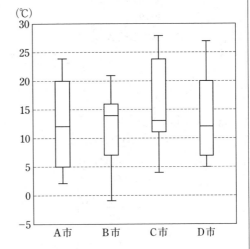

〈選択肢〉
① 四分位範囲が最も大きいのはA市である。
② 第1四分位数が最も小さいのはB市である。
③ 中央値が最も大きいのはC市である。
④ D市は平均気温が21℃以上の月が少なくとも4か月ある。

(2) 437と943の最大公約数は イウ である。

(3) 循環小数 $0.1\dot{4}\dot{1}$ を分数で表すと

$$\frac{エオ}{333}$$

である。

解 説

(1) 右の箱ひげ図について

① A市の四分位範囲は 20−5＝15（℃）より，他のどの市よりも大きい。よって，①は正しい。

② 第1四分位数が最も小さいのは，実際にはA市なので，誤りである。

③ 中央値が最も大きいのは，実際にはB市なので，誤りである。

④ D市の第3四分位数は20℃なので，平均気温が21℃以上の月は多くても3か月であるから，誤りである。

答（ア）①

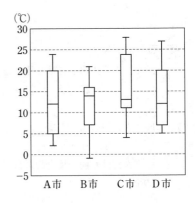

(2) ユークリッドの互除法より

$$943 = 437 \cdot 2 + 69$$
$$437 = 69 \cdot 6 + 23$$
$$69 = 23 \cdot 3$$

よって，最大公約数は **23**

答 **（イ）2　（ウ）3**

(3) $x = 0.\dot{1}4\dot{1}$ とおくと

$$x = \quad 0.141141141\cdots\cdots$$
$$1000x = 141.141141141\cdots\cdots$$

よって，$999x = 141$

$$x = \frac{141}{999} = \frac{47}{333}$$

答 **（エ）4　（オ）7**

---

3 次の各問いに答えなさい。

(1) 3人で1回じゃんけんをするとき，3人の手の出し方は全部で

　　　　$\boxed{\text{ア}}\ \boxed{\text{イ}}$ 通り

　ある。

(2) 4人で1回じゃんけんをするとき，2人だけが勝つ確率は

　　　　$\dfrac{\boxed{\text{ウ}}}{\boxed{\text{エ}}}$

　である。

(3) 4人で1回じゃんけんをして，あいこになったとき，全員が同じ手である条件付き確率は

　　　　$\dfrac{\boxed{\text{オ}}}{\boxed{\text{カ}}\ \boxed{\text{キ}}}$

　である。

解　説

(1) 1人の手の出し方は3種類なので，3人の手の出し方は全部で

　　　　$3^3 = \mathbf{27}$ （通り）

答 **（ア）2　（イ）7**

(2) 4人の手の出し方は

　　　　$3^4 = 81$ （通り）

　2人だけが勝つ場合の数は，4人のうちどの2人が勝つかが $_4C_2$ 通り，どの手で勝つかが3通りなので

$$\frac{{}_4C_2 \times 3}{81} = \frac{6 \times 3}{81} = \frac{2}{9}$$

答（ウ）2　（エ）9

(3) 「あいこになる」事象を E，「全員が同じ手である」事象を F とすると，事象 E は

「3種類の手がすべて出る」　または　事象 F

であり，これらは互いに排反である。

「3種類の手がすべて出る」のは，同じ手を出す2人が ${}_4C_2$ 通り，どの手が2つ出るかで ${}_3C_1$ 通り，残り2人の手の出し方が $2!$ 通りである。また，事象 F は3通りなので

$$P(E) = \frac{{}_4C_2 \times {}_3C_1 \times 2! + 3}{3^4}$$

$$= \frac{36 + 3}{81} = \frac{13}{27}$$

また，$P(E \cap F) = P(F) = \frac{3}{3^4} = \frac{3}{81} = \frac{1}{27}$

よって，求める条件付き確率 $P_E(F)$ は

$$P_E(F) = \frac{P(E \cap F)}{P(E)} = \frac{\dfrac{1}{27}}{\dfrac{13}{27}} = \frac{1}{13}$$

答（オ）1　（カ）1　（キ）3

【参考】条件付き確率

　全事象 U において，事象 E を前提として事象 F である確率を $P_E(F)$ と表し

$$P_E(F) = \frac{P(E \cap F)}{P(E)} \quad \cdots\cdots ①$$

である。

※以下のベン図より，$P(E \cap F) = P(E) \cdot P_E(F)$ であるため，①が成り立つ。

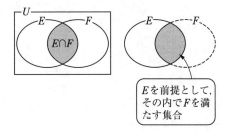

E を前提として，その内で F を満たす集合

4 次の各問いに答えなさい。

(1) 3次関数 $y = -x^3 + \frac{3}{2}x^2 + 6x - 1$ の極小値は

$$\frac{\boxed{\text{ア}}\boxed{\text{イ}}}{\boxed{\text{ウ}}}$$

である。

(2) 放物線 $y = -(x+1)(x-3)$ ……①

と y 軸との交点を A とすると，点 A における放物線①の接線の方程式は

$$y = \boxed{\text{エ}}\,x + \boxed{\text{オ}} \quad ……②$$

である。

また，放物線①，接線②および x 軸で囲まれた右の図の斜線部分の面積は

$$\frac{\boxed{\text{カ}}}{\boxed{\text{キ}}\boxed{\text{ク}}}$$

である。

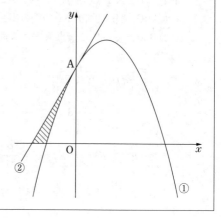

解説

(1) $y = -x^3 + \frac{3}{2}x^2 + 6x - 1$ を x で微分すると

$$y' = -3x^2 + 3x + 6$$

$y' = 0$ のとき

$$-3x^2 + 3x + 6 = 0$$
$$x^2 - x - 2 = 0$$
$$(x+1)(x-2) = 0$$
$$x = -1,\ 2$$

よって，右の増減表より $x = -1,\ 2$ で極値をとると分かる。

$x = -1$ のとき

$$y = -(-1)^3 + \frac{3}{2}\cdot(-1)^2 + 6\cdot(-1) - 1$$

$$= 1 + \frac{3}{2} - 6 - 1 = -\frac{9}{2}$$

したがって，$x = -1$ で極小値 $-\frac{9}{2}$ をとる。

（$x = 2$ で極大値をとる。）

答 （ア）$-$ （イ）9 （ウ）2

x	$\cdots$	-1	$\cdots$	2	$\cdots$
y'		$-$	0	$+$	0	$-$
y		$\searrow$	極小	$\nearrow$	極大	$\searrow$

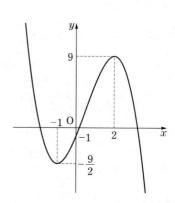

(2) 放物線 $y=-(x+1)(x-3)$ ……①

$$= -x^2+2x+3$$

①の式を x で微分すると $y'=-2x+2$

$x=0$ のとき $y'=0+2=2$

したがって，交点 A における接線の傾きは 2 となる。

また，放物線と y 軸との交点 A の y 座標は

$$y=-0^2+2\cdot0+3=3$$

よって，交点 A$(0,\ 3)$ における接線の方程式は

$$y=\boldsymbol{2}x+\boldsymbol{3}\ \ \ ……②$$

答（エ）**2**　（オ）**3**

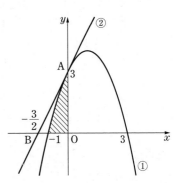

次に，放物線①，接線②と x 軸とのそれぞれの交点を
まず求める。

放物線①と x 軸との交点は

$$-x^2+2x+3=0$$

よって，$x=-1,\ 3$

接線②と x 軸との交点は

$$2x+3=0$$

よって，$x=-\dfrac{3}{2}$

したがって，接線②と x 軸との交点を B$\left(-\dfrac{3}{2},\ 0\right)$ とすると，

求める面積は△AOB から右図の斜線部分を引けばよいので

$$\frac{1}{2}\cdot\frac{3}{2}\cdot3-\int_{-1}^{0}(-x^2+2x+3)\,dx=\frac{9}{4}-\left[-\frac{1}{3}x^3+x^2+3x\right]_{-1}^{0}$$

$$=\frac{9}{4}+\left(\frac{1}{3}+1-3\right)$$

$$=\frac{\boldsymbol{7}}{\boldsymbol{12}}$$

答（カ）**7**　（キ）**1**　（ク）**2**

5 次の各問いに答えなさい。

(1) 3^{10} は $\boxed{ア}$ 桁の数である。ただし，$\log_{10}3 = 0.4771$ とする。

(2) 方程式 $2(\log_2 x)^2 - \log_2 2x = 0$ の解は

$$x = \boxed{イ},\ \frac{\sqrt{\boxed{ウ}}}{\boxed{エ}}$$

である。

(3) $0 \leqq \theta < 2\pi$ のとき，不等式 $\sin 2\theta - \sqrt{2}\,\sin\theta < 0$ を満たす θ の値の範囲は

$$\boxed{オ} < \theta < \boxed{カ},\ \boxed{キ} < \theta < \boxed{ク}$$

である。$\boxed{オ}$，$\boxed{カ}$，$\boxed{キ}$，$\boxed{ク}$ に最も適するものをそれぞれ下の選択肢から選び，番号で答えなさい。ただし，$\boxed{カ} < \boxed{キ}$ とする。

┌─〈選択肢〉─────────────────────────────────
│ ① 0 ② $\dfrac{\pi}{4}$ ③ $\dfrac{\pi}{2}$ ④ $\dfrac{3}{4}\pi$ ⑤ π
│
│ ⑥ $\dfrac{5}{4}\pi$ ⑦ $\dfrac{3}{2}\pi$ ⑧ $\dfrac{7}{4}\pi$ ⑨ 2π
└──

解 説

(1) 常用対数をとる。

$$\begin{aligned}
\log_{10}3^{10} &= 10\,\log_{10}3 \\
&= 10 \times 0.4771 \\
&= 4.771
\end{aligned}$$

よって，$4 < \log_{10}3^{10} < 5$

常用対数をとると

$$\log_{10}10^4 < \log_{10}3^{10} < \log_{10}10^5$$

底10は1より大きいので

$$10^4 < 3^{10} < 10^5$$

すなわち，3^{10} は **5** 桁の数である。

┌─【参考】底の範囲と不等式────────────
│ $a > 1$ のとき
│ $\qquad \log_a x > \log_a y \iff x > y$
│ $0 < a < 1$ のとき
│ $\qquad \log_a x > \log_a y \iff x < y$
└──────────────────────────────

答（ア）**5**

(2) 真数条件より，$x > 0$ かつ $2x > 0$，

すなわち $x > 0$ ……①

このとき

$$\begin{aligned}
2(\log_2 x)^2 - \log_2 2x &= 0 \\
2(\log_2 x)^2 - (\log_2 2 + \log_2 x) &= 0 \\
2(\log_2 x)^2 - \log_2 x - 1 &= 0 \\
(2\log_2 x + 1)(\log_2 x - 1) &= 0
\end{aligned}$$

$$\log_2 x = 1,\ -\frac{1}{2}$$

$$x = 2^1,\ 2^{-\frac{1}{2}}$$

┌─【参考】真数条件─────────────────
│ 　対数における真数は正でなければ
│ ならない。すなわち，対数 $\log_a x$ は
│ $x > 0$ でなければならない。
└──────────────────────────────

$$x=2, \ \frac{1}{\sqrt{2}}$$

これは①の範囲を満たす。

したがって　$x=2, \ \dfrac{\sqrt{2}}{2}$

答　（**イ**）**2**　（**ウ**）**2**　（**エ**）**2**

【参考】対数の性質

　和：$\log_a x + \log_a y = \log_a xy$

　差：$\log_a x - \log_a y = \log_a \dfrac{x}{y}$

　定数倍：$k\log_a x = \log_a x^k$

　底の変換：$\log_x y = \dfrac{\log_a y}{\log_a x} \quad (a>0)$

（**3**）　$\sin 2\theta = 2\sin\theta\cos\theta$　より

　　　　　$\sin 2\theta - \sqrt{2}\sin\theta < 0$

　　　　　$2\sin\theta\cos\theta - \sqrt{2}\sin\theta < 0$

　　　　　$\sqrt{2}\sin\theta(\sqrt{2}\cos\theta - 1) < 0$

したがって，$\begin{cases} \sin\theta > 0 \\ \sqrt{2}\cos\theta - 1 < 0 \end{cases}$　　または　$\begin{cases} \sin\theta < 0 \\ \sqrt{2}\cos\theta - 1 > 0 \end{cases}$

すなわち，$\begin{cases} \sin\theta > 0 \\ \cos\theta < \dfrac{1}{\sqrt{2}} \end{cases} \cdots\cdots ①$　　または　$\begin{cases} \sin\theta < 0 \\ \cos\theta > \dfrac{1}{\sqrt{2}} \end{cases} \cdots\cdots ②$

【参考】2倍角の公式

$\sin 2\theta = 2\sin\theta\cos\theta$

$\cos 2\theta = \cos^2\theta - \sin^2\theta$

　　　$= 1 - 2\sin^2\theta$

　　　$= 2\cos^2\theta - 1$

$\tan 2\theta = \dfrac{2\tan\theta}{1 - \tan^2\theta}$

$0 \leqq \theta < 2\pi$　より，

　　①の場合は，$\sin\theta > 0$　より　$0 < \theta < \pi$,

　　　　　　　$\cos\theta < \dfrac{1}{\sqrt{2}}$　より　$\dfrac{\pi}{4} < \theta < \dfrac{7}{4}\pi$

　なので，$\dfrac{\pi}{4} < \theta < \pi$

　　②の場合は，$\sin\theta < 0$　より　$\pi < \theta < 2\pi$,

　　　　　　　$\cos\theta > \dfrac{1}{\sqrt{2}}$　より　$0 < \theta < \dfrac{\pi}{4}, \ \dfrac{7}{4}\pi < \theta < 2\pi$

　なので，$\dfrac{7}{4}\pi < \theta < 2\pi$

　したがって解は，$\dfrac{\pi}{4} < \theta < \pi, \ \dfrac{7}{4}\pi < \theta < 2\pi$

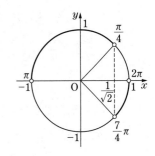

答　（**オ**）②　（**カ**）⑤　（**キ**）⑧　（**ク**）⑨

6 右の図の平行四辺形 OACB において，$\overrightarrow{OA}=\vec{a}$，$\overrightarrow{OB}=\vec{b}$ とする。辺 AC を 1：2 に内分する点を D，辺 BC を 3：2 に内分する点を E とするとき，次の問いに答えなさい。

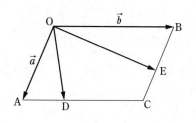

(1) $\overrightarrow{OD}$ を $\vec{a}$ と $\vec{b}$ を用いて表すと

$$\overrightarrow{OD}=\vec{a}+\dfrac{\boxed{\text{ア}}}{\boxed{\text{イ}}}\vec{b}$$

である。

(2) OA＝2，OB＝3，OD⊥OE のとき

$$\cos\angle\text{AOB}=\dfrac{\boxed{\text{ウ}\,\text{エ}}}{\boxed{\text{オ}}}$$

であり

$$\text{OD}=\sqrt{\boxed{\text{カ}}}$$

である。

解 説

(1) 点 D は辺 AC を 1：2 に内分する点であり，$\overrightarrow{AC}=\overrightarrow{OB}=\vec{b}$ より

$$\overrightarrow{AD}=\frac{1}{3}\overrightarrow{OB}=\frac{1}{3}\vec{b}$$

よって，　$\overrightarrow{OD}=\overrightarrow{OA}+\overrightarrow{AD}=\vec{a}+\dfrac{1}{3}\vec{b}$

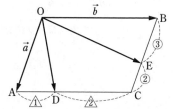

答（ア）**1**　（イ）**3**

(2) 点 E は辺 BC を 3：2 に内分する点であり，$\overrightarrow{BC}=\overrightarrow{OA}=\vec{a}$ より

$$\overrightarrow{BE}=\frac{3}{5}\overrightarrow{OA}=\frac{3}{5}\vec{a}$$

よって，　$\overrightarrow{OE}=\overrightarrow{OB}+\overrightarrow{BE}=\vec{b}+\dfrac{3}{5}\vec{a}=\dfrac{3}{5}\vec{a}+\vec{b}$

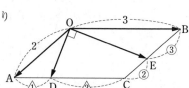

OA＝2，OB＝3 より，$|\vec{a}|=2$，$|\vec{b}|=3$ であり，OD⊥OE より $\overrightarrow{OD}\cdot\overrightarrow{OE}=0$ なので

$$\left(\vec{a}+\frac{1}{3}\vec{b}\right)\cdot\left(\frac{3}{5}\vec{a}+\vec{b}\right)=0$$

$$\frac{3}{5}|\vec{a}|^2+\frac{6}{5}\vec{a}\cdot\vec{b}+\frac{1}{3}|\vec{b}|^2=0$$

$$\frac{3}{5}\times2^2+\frac{6}{5}|\vec{a}||\vec{b}|\cos\angle\text{AOB}+\frac{1}{3}\times3^2=0$$

$$\frac{12}{5}+\frac{6}{5}\times2\times3\times\cos\angle\text{AOB}+3=0$$

よって　　$\cos\angle\text{AOB}=-\dfrac{3}{4}$

【参考】ベクトルの垂直と内積
$\vec{a}\neq\vec{0}$，$\vec{b}\neq\vec{0}$ のとき，
$$\vec{a}\perp\vec{b}\ \Leftrightarrow\ \vec{a}\cdot\vec{b}=0$$

【参考】内積の定義
2つのベクトル $\vec{a}$，$\vec{b}$ のなす角を θ とするとき，内積 $\vec{a}\cdot\vec{b}$ は
$$\vec{a}\cdot\vec{b}=|\vec{a}||\vec{b}|\cos\theta$$

答（ウ）**－**　（エ）**3**　（オ）**4**

このとき $\vec{a}\cdot\vec{b}=2\times3\times\left(-\dfrac{3}{4}\right)=-\dfrac{9}{2}$

したがって

$$|\overrightarrow{\mathrm{OD}}|^2 = \left|\vec{a}+\dfrac{1}{3}\vec{b}\right|^2$$

$$= |\vec{a}|^2+\dfrac{2}{3}\vec{a}\cdot\vec{b}+\dfrac{1}{9}|\vec{b}|^2$$

$$= 2^2+\dfrac{2}{3}\times\left(-\dfrac{9}{2}\right)+\dfrac{1}{9}\times3^2$$

$$= 4-3+1=2$$

ゆえに, $|\overrightarrow{\mathrm{OD}}|\geqq0$ より $\mathrm{OD}=|\overrightarrow{\mathrm{OD}}|=\sqrt{2}$

答 （**カ**）**2**

---

7 次の各問いに答えなさい。

(1) 第9項が4, 第16項が -17 である等差数列について, -80 は第 **ア** **イ** 項である。

(2) $a_1=1$, $a_{n+1}=3a_n-8$ $(n=1,\ 2,\ 3,\ \cdots\cdots)$ で定められる数列 $\{a_n\}$ について, 一般項 a_n は
$$a_n = \boxed{\text{ウ}}-\boxed{\text{エ}}^{\,n}$$
である。

(3) 数列 $\dfrac{1}{1}\ \bigg|\ \dfrac{1}{2},\ \dfrac{2}{2}\ \bigg|\ \dfrac{1}{3},\ \dfrac{2}{3},\ \dfrac{3}{3}\ \bigg|\ \dfrac{1}{4},\ \dfrac{2}{4},\ \dfrac{3}{4},\ \dfrac{4}{4}\ \bigg|\ \dfrac{1}{5},\ \cdots\cdots$

について, 初項から第50項までの和は
$$\dfrac{\boxed{\text{オ}}\boxed{\text{カ}}}{\boxed{\text{キ}}}$$
である。

解 説

(1) 等差数列 $\{a_n\}$ の初項を a, 公差を d とすると, 一般項 a_n は
$$a_n = a+(n-1)d$$
条件より
$$a_9 = a+8d=4 \qquad \cdots\cdots\text{①}$$
$$a_{16} = a+15d=-17 \qquad \cdots\cdots\text{②}$$
②$-$①より $7d=-21$ $d=-3$
①に代入し $a=28$
よって, $a_n=28+(n-1)\cdot(-3)$
$$= -3n+31$$
したがって, $a_n=-80$ のとき
$$-80 = -3n+31$$
$$n = 37$$

> **【参考】等差数列の一般項**
> 初項 a, 公差 d の等差数列 $\{a_n\}$ の一般項は
> $$a_n = a+(n-1)d$$

答 （**ア**）**3** （**イ**）**7**

---

(2) 特性方程式 $\alpha = 3\alpha - 8$ を満たす α の値は $\quad \alpha = 4$

よって，漸化式を変形すると，

$$a_{n+1} - 4 = 3(a_n - 4)$$

となる。

数列 $\{a_n - 4\}$ は公比が 3 の等比数列であり，初項は

$$a_1 - 4 = 1 - 4 = -3$$

したがって

$$a_n - 4 = -3 \cdot 3^{n-1}$$

$$\boldsymbol{a_n = 4 - 3^n}$$

答 （ウ）**4** （エ）**3**

(3) 第 n 群には，分母が n である n 個の項がある。

第 n 群までのすべての項の数は

$$1 + 2 + 3 + \cdots\cdots + n = \frac{1}{2} n(n+1)$$

第50項が第 n 群にあるとき

$$\frac{1}{2}(n-1)n < 50 \leq \frac{1}{2} n(n+1)$$

$$(n-1)n < 100 \leq n(n+1)$$

よって，$\quad n = 10$

第 9 群の最後までの項の数は

$$\frac{1}{2} \cdot 9 \cdot (9+1) = 45$$

すなわち，第50項は第10群の 5 番目の項である。

また，第 k 群にある項の総和は

$$\frac{1}{k} + \frac{2}{k} + \frac{3}{k} + \cdots\cdots + \frac{k}{k} = \frac{1}{k}(1 + 2 + 3 + \cdots\cdots + k)$$

$$= \frac{1}{k} \cdot \frac{1}{2} k(k+1) = \frac{k+1}{2}$$

したがって，求める和は

$$\sum_{k=1}^{9} \frac{k+1}{2} + \left(\frac{1}{10} + \frac{2}{10} + \frac{3}{10} + \frac{4}{10} + \frac{5}{10} \right)$$

$$= \frac{1}{2} \left(\sum_{k=1}^{9} k + \sum_{k=1}^{9} 1 \right) + \frac{15}{10}$$

$$= \frac{1}{2} \left(\frac{1}{2} \cdot 9 \cdot 10 + 9 \right) + \frac{15}{10}$$

$$= 27 + \frac{3}{2} = \frac{\boldsymbol{57}}{\boldsymbol{2}}$$

答 （オ）**5** （カ）**7** （キ）**2**

8 次の各問いに答えなさい。

(1) $\displaystyle\lim_{x \to 1}\frac{4x^2-3x-1}{x^2-3x+2}=\boxed{\text{ア}\ \text{イ}}$ である。

(2) $\displaystyle\lim_{n \to \infty}\frac{1}{\sqrt{n^2+3n}-n}=\dfrac{\boxed{\text{ウ}}}{\boxed{\text{エ}}}$ である。

(3) 1辺の長さ1の正三角形を T_1，T_1 に内接する円を C_1，C_1 に内接する正三角形を T_2，T_2 に内接する円を C_2，C_2 に内接する正三角形を T_3 とする。このように次々と小さくなる正三角形 T_n（$n=1$，2，3，……）を作り，T_n の面積を S_n とするとき，これらの正三角形の面積の総和 $S_1+S_2+\cdots+S_n+\cdots$ は

$\dfrac{\sqrt{\boxed{\text{オ}}}}{\boxed{\text{カ}}}$

である。

【 解 説 】

(1) $\displaystyle\lim_{x \to 1}\frac{4x^2-3x-1}{x^2-3+2}=\lim_{x \to 1}\frac{(x-1)(4x+1)}{(x-1)(x-2)}$

$\qquad\qquad =\displaystyle\lim_{x \to 1}\frac{4x+1}{x-2}$

$\qquad\qquad =\dfrac{4+1}{1-2}=\boldsymbol{-5}$

答 （ア）$-$ （イ）5

(2) $\displaystyle\lim_{n \to \infty}\frac{1}{\sqrt{n^2+3n}-n}=\lim_{n \to \infty}\frac{(\sqrt{n^2+3n}+n)}{(\sqrt{n^2+3n}-n)(\sqrt{n^2+3n}+n)}$

$\qquad\qquad =\displaystyle\lim_{n \to \infty}\frac{\sqrt{n^2+3n}+n}{(n^2+3n)-n^2}$

$\qquad\qquad =\displaystyle\lim_{n \to \infty}\frac{\sqrt{n^2+3n}+n}{3n}$

$\qquad\qquad =\displaystyle\lim_{n \to \infty}\frac{\sqrt{1+\dfrac{3}{n}}+1}{3}$

$\qquad\qquad =\dfrac{1+1}{3}=\dfrac{2}{3}$

【参考】極限値
$\displaystyle\lim_{n \to \infty}\frac{(定数)}{n}=0$

答 （ウ）2 （エ）3

(3) 右の図のように各点をとると，点 D_2, E_2, F_2 は，それぞれ辺 E_1F_1, F_1D_1, D_1E_1 の中点となる。

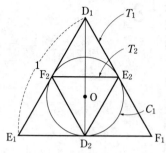

$\triangle D_1E_1F_1$ において，中点連結定理より　$D_2E_2 = \dfrac{1}{2}\,D_1E_1$

よって，$\triangle D_1E_1F_1$ と $\triangle D_2E_2F_2$ の相似比は $2:1$ なので

$$S_2 = \left(\dfrac{1}{2}\right)^2 S_1 = \dfrac{1}{4}\,S_1$$

以下，すべての正三角形 $T_n\,(n=3,4,5,\cdots\cdots)$ の頂点 D_n を，線分 D_1D_2 上にくるようにとり，同様に S_n について考えると

$$S_{n+1} = \dfrac{1}{4}\,S_n$$

また，$S_1 = \dfrac{1}{2}\cdot E_1F_1 \cdot D_1D_2 = \dfrac{1}{2}\cdot 1 \cdot \dfrac{\sqrt{3}}{2} = \dfrac{\sqrt{3}}{4}$

したがって，求める正三角形の面積の総和

$$S_1 + S_2 + \cdots\cdots + S_n + \cdots\cdots$$

は，初項 $\dfrac{\sqrt{3}}{4}$，公比 $\dfrac{1}{4}$ の無限等比級数の和である。

公比 $\dfrac{1}{4}$ よりこの無限等比級数は収束するので，その和は

$$\dfrac{\dfrac{\sqrt{3}}{4}}{1 - \dfrac{1}{4}} = \dfrac{\sqrt{3}}{3}$$

【参考】無限等比級数

無限等比級数

$$a + ar + ar^2 + \cdots + ar^{n-1} + \cdots$$

の収束，発散は，$a \neq 0$ のとき

① $|r| < 1$ のとき収束し，その和は $\dfrac{a}{1-r}$

② $|r| \geqq 1$ のとき発散する。

答　(オ) 3　(カ) 3

数学　9月実施　理系　　正解と配点 （70分，100点満点）

問題番号	設問		正解	配点
1	(1)	ア	4	3
		イ	8	
	(2)	ウ	3	3
		エ	3	
	(3)	オ	2	3
		カ	2	
	(4)	キ	3	4
		ク	－	
		ケ	4	
	(5)	コ	2	4
		サ	3	
	(6)	シ	5	4
		ス	2	
	(7)	セ	⑥	4
	(8)	ソ	－	4
		タ	8	
2	(1)	ア	①	3
	(2)	イ	2	4
		ウ	3	
	(3)	エ	4	3
		オ	7	
3	(1)	ア	2	3
		イ	7	
	(2)	ウ	2	4
		エ	9	
	(3)	オ	1	3
		カ	1	
		キ	3	
4	(1)	ア	－	3
		イ	9	
		ウ	2	
	(2)	エ	2	4
		オ	3	
		カ	7	3
		キ	1	
		ク	2	

問題番号	設問		正解	配点
5	(1)	ア	5	3
	(2)	イ	2	4
		ウ	2	
		エ	2	
	(3)	オ	②	3
		カ	⑤	
		キ	⑧	
		ク	⑨	
6	(1)	ア	1	4
		イ	3	
	(2)	ウ	－	4
		エ	3	
		オ	4	
		カ	2	3
7	(1)	ア	3	3
		イ	7	
	(2)	ウ	4	4
		エ	3	
	(3)	オ	5	3
		カ	7	
		キ	2	
8	(1)	ア	－	3
		イ	5	
	(2)	ウ	2	4
		エ	3	
	(3)	オ	3	3
		カ	3	

令和4年度

基礎学力到達度テスト 問題と詳解

令和4年度　数学　4月実施

1 次の各問いに答えなさい。

(1) 整式 $x^3+2x^2-17x+3$ を $x-3$ で割ったときの

商は $x^2+\boxed{ア}x-\boxed{イ}$

余りは $\boxed{ウエ}$

である。

(2) i を虚数単位とするとき

$$\frac{1}{3-\sqrt{7}i}+\frac{1}{3+\sqrt{7}i}=\frac{\boxed{オ}}{\boxed{カ}}$$

である。

(3) $\sqrt{2}\sin\frac{5}{4}\pi+\sqrt{3}\cos\left(-\frac{\pi}{6}\right)=\dfrac{\boxed{キ}}{\boxed{ク}}$

である。

(4) 空間のベクトル $\vec{a}=(1,\ -2,\ -1),\ \vec{b}=(-3,\ 4,\ -2)$ について

$\vec{a}\cdot\vec{b}=\boxed{ケコ}$

である。

2 2つの円　$C_1 : x^2+y^2+8x-6y+21=0$

$C_2 : x^2+y^2=k$

と直線　　$l : x+2y-3=0$

について，次の問いに答えなさい。ただし，k は正の定数とする。

(1) 円 C_1 の

中心の座標は $(\boxed{アイ},\ \boxed{ウ})$，半径は $\boxed{エ}$

である。

(2) 円 C_1 と円 C_2 が異なる2点で交わるとき，定数 k のとり得る値の範囲は

$\boxed{オ}<k<\boxed{カキ}$

(3) 円 C_2 と直線 l が接するとき

$$k=\frac{\boxed{ク}}{\boxed{ケ}}$$

である。

3 次の各問いに答えなさい。

(1) 第3項が6，第11項が46である等差数列 $\{a_n\}$ について，一般項 a_n は
$$a_n = \boxed{\text{ア}}\, n - \boxed{\text{イ}}$$
である。

(2) 等比数列 $\{b_n\}$ の初項から第 n 項までの和 S_n について，$S_3 = 9$，$S_6 = -63$ であるとき
$$b_5 = \boxed{\text{ウ}\text{エ}}$$
である。ただし，$\{b_n\}$ の公比は実数とする。

(3) $\displaystyle\sum_{k=1}^{n} 2k(3k-1) = \boxed{\text{オ}}\, n^3 + \boxed{\text{カ}}\, n^2$

である。

4 次の各問いに答えなさい。

(1) $729^{-\frac{1}{2}} = \dfrac{\boxed{\text{ア}}}{\boxed{\text{イ}}}$ である。

(2) $\log_8 96 - \log_8 6 = \dfrac{\boxed{\text{ウ}}}{\boxed{\text{エ}}}$ である。

(3) 不等式 $\log_3(12-x) - \log_3(x-2) > 2$ を解くと
$$\boxed{\text{オ}}$$
である。

$\boxed{\text{オ}}$ に最も適するものを下の選択肢の中から選び，番号で答えなさい。

〈選択肢〉
① $0 < x < 12$ ② $2 < x < 12$ ③ $2 < x < 3$

④ $3 < x < 12$ ⑤ $x > 2$ ⑥ $x > 3$

⑦ $x < 3$ ⑧ $x < 12$ ⑨ 解なし

5 次の各問いに答えなさい。

(1) 関数 $y = x^3 - 3x^2 + 11$ ……① のグラフ上の点 P の x 座標は1である。このとき

$$P(1, \boxed{\ \ ア\ \ })$$

であり，点 P における①の接線の方程式は

$$y = \boxed{イ}\boxed{ウ}\,x + \boxed{エ}\boxed{オ}$$

である。また，関数①の極小値は

$$\boxed{\ \ カ\ \ }$$

である。

(2) 連立不等式

$$\begin{cases} y \geqq x^2 + x - 6 \\ y \leqq 0 \\ x \geqq -1 \end{cases}$$

の表す領域の面積は

$$\frac{\boxed{キ}\boxed{ク}}{\boxed{\ \ ケ\ \ }}$$

である。

6 次の各問いに答えなさい。

(1) 加法定理により

$$\sin\left(x+\frac{\pi}{6}\right)+\sin\left(x-\frac{\pi}{6}\right)=\boxed{\text{ア}}\sin x\cos\frac{\pi}{\boxed{\text{イ}}}$$

であるから, $\sin x=\dfrac{\sqrt{3}}{4}$ のとき

$$\sin\left(x+\frac{\pi}{6}\right)+\sin\left(x-\frac{\pi}{6}\right)=\frac{\boxed{\text{ウ}}}{\boxed{\text{エ}}}$$

である。

(2) $0\leq x<2\pi$ のとき, 方程式 $\sin 2x+\cos x=0$ を満たす x は

$$x=\boxed{\text{オ}}, \boxed{\text{カ}}, \boxed{\text{キ}}, \boxed{\text{ク}}$$

である。 $\boxed{\text{オ}}$, $\boxed{\text{カ}}$, $\boxed{\text{キ}}$, $\boxed{\text{ク}}$ に最も適するものを下の選択肢から選び, 番号で答えなさい。ただし, $\boxed{\text{オ}}<\boxed{\text{カ}}<\boxed{\text{キ}}<\boxed{\text{ク}}$ とする。

---〈選択肢〉---
① $\dfrac{\pi}{6}$ ② $\dfrac{\pi}{3}$ ③ $\dfrac{\pi}{2}$ ④ $\dfrac{2}{3}\pi$ ⑤ $\dfrac{5}{6}\pi$

⑥ π ⑦ $\dfrac{7}{6}\pi$ ⑧ $\dfrac{3}{2}\pi$ ⑨ $\dfrac{11}{6}\pi$

---

7 次の各問いに答えなさい。

(1) $\vec{a}=(4, -1)$, $\vec{b}=(2, -5)$ のとき

$$3\vec{a}-2\vec{b}=(\boxed{\text{ア}}, \boxed{\text{イ}})$$
$$|\vec{a}-\vec{b}|=\boxed{\text{ウ}}\sqrt{\boxed{\text{エ}}}$$

である。

(2) △ABC において, 辺 AB を $3:2$ に内分する点を D, 線分 DC を $1:5$ に内分する点を P とするとき

(i) $\overrightarrow{\text{AP}}=\dfrac{\boxed{\text{オ}}}{\boxed{\text{カ}}}\overrightarrow{\text{AB}}+\dfrac{\boxed{\text{キ}}}{\boxed{\text{ク}}}\overrightarrow{\text{AC}}$ である。

(ii) さらに, AB$=4$, AC$=6$, $\angle$BAC$=60°$ であるとき

$$|\overrightarrow{\text{AP}}|=\sqrt{\boxed{\text{ケ}}}$$

である。

1 次の各問いに答えなさい。

(1) $(\sqrt{2}+\sqrt{3}-1)(\sqrt{2}-\sqrt{3}+1)=\boxed{ア}\sqrt{\boxed{イ}}-\boxed{ウ}$
である。

(2) 10個のデータ

9, 5, 7, 4, 14, 10, 8, 7, 10, 11

の箱ひげ図として正しいものは $\boxed{エ}$ である。$\boxed{エ}$ に最も適するものを下の選択肢から選び，番号で答えなさい。

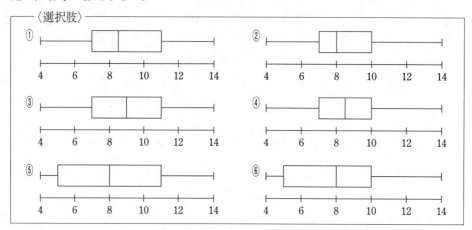

(3) 1188の正の約数は全部で $\boxed{オ\,カ}$ 個ある。

(4) 整数 A を x^2+2x-1 で割ったときの商が $x-5$，余りが $4x+3$ であるとき
$$A=x^3-\boxed{キ}\,x^2-\boxed{ク}\,x+\boxed{ケ}$$
である。

(5) △ABC において，AB $=4$，AC $=3\sqrt{3}$，∠BAC $=30°$ であるとき
$$BC=\sqrt{\boxed{コ}}$$
である。

(6) $\vec{a}=(3,\ -1)$，$\vec{b}=(-2,\ 5)$，$\vec{c}=(4,\ 29)$ であるとき
$$\vec{c}=\boxed{サ}\,\vec{a}+\boxed{シ}\,\vec{b}$$
である。

2 2次関数 $y = x^2 + 8x + 13$ ……① について，次の問いに答えなさい。

(1) 2次関数①のグラフの頂点は，点 $\boxed{ア}$ である。$\boxed{ア}$ に最も適するものを下の選択肢から選び，番号で答えなさい。

     ─〈選択肢〉─────────────────────────────

     ① $(4, 29)$ ② $(4, -3)$ ③ $(-4, 29)$ ④ $(-4, -3)$

     ⑤ $(8, 13)$ ⑥ $(8, -3)$ ⑦ $(-8, 29)$ ⑧ $(-8, 13)$

(2) $-7 \leq x \leq -2$ のとき，2次関数①の

     最大値は $\boxed{イ}$

     最小値は $\boxed{ウ\,エ}$

である。

(3) 2次関数①のグラフを y 軸方向に a だけ平行移動し，さらに原点に関して対称移動したグラフが点 $(2, -8)$ を通るとき

     $a = \boxed{オ}$

である。

3 5円硬貨，10円硬貨，50円硬貨，100円硬貨，500円硬貨が1枚ずつある。この5枚の硬貨を同時に投げるとき，次の問いに答えなさい。

(1) 5枚の硬貨の表裏の出方は全部で

     $\boxed{ア\,イ}$ 通り

ある。

(2) 表がちょうど2枚出る確率は

     $\dfrac{\boxed{ウ}}{\boxed{エ\,オ}}$

である。

(3) 裏が出た硬貨の金額の合計より表が出た硬貨の金額の合計が大きければ，その差額を受け取れるものとする。受け取る金額が350円以上となる確率は

     $\dfrac{\boxed{カ}}{\boxed{キ\,ク}}$

である。

4 円 $x^2+y^2+12y+26=0$ ……① と直線 $3x-y+14=0$ ……② について，次の問いに答えなさい。

(1) 円①の中心の座標は

$$(\boxed{} , \boxed{\,\boxed{}})$$

である。

(2) 円①の中心を通り，直線②に垂直な直線の方程式は

$$x+\boxed{}\,y+\boxed{}\,\boxed{}=0$$

である。

(3) 点 P が円①上，点 Q が直線②上を動くとき，線分 PQ の長さの最小値は

$$PQ=\sqrt{\boxed{}\,\boxed{}}$$

である。

5 次の各問いに答えなさい。

(1) $\dfrac{\pi}{2}<\theta<\pi$ で，$\sin\theta=\dfrac{\sqrt{3}}{3}$ のとき

$$\cos\theta=\boxed{}\ ,\ \tan\theta=\boxed{}$$

である。$\boxed{}$，$\boxed{}$ に最も適するものを下の選択肢から選び，番号で答えなさい。ただし，同じものを繰り返し選んでもよい。

〈選択肢〉

① $\dfrac{\sqrt{2}}{2}$　　② $\dfrac{2}{3}$　　③ $\dfrac{\sqrt{6}}{3}$　　④ $\sqrt{2}$

⑤ $-\dfrac{\sqrt{2}}{2}$　　⑥ $-\dfrac{2}{3}$　　⑦ $-\dfrac{\sqrt{6}}{3}$　　⑧ $-\sqrt{2}$

(2) $\cos\theta=\dfrac{\sqrt{2}}{6}$ のとき

$$\sin\left(\theta+\dfrac{\pi}{4}\right)+\cos\left(\theta+\dfrac{\pi}{4}\right)=\dfrac{\boxed{}}{\boxed{}}$$

である。

(3) $0\leqq\theta<2\pi$ のとき，方程式 $\sin2\theta+\sqrt{3}\sin\theta=0$ を解くと

$$\theta=0,\ \dfrac{\boxed{}}{\boxed{}}\pi,\ \pi,\ \dfrac{\boxed{}}{\boxed{}}\pi$$

である。ただし，$\dfrac{\boxed{}}{\boxed{}}<\dfrac{\boxed{}}{\boxed{}}$ とする。

6 次の各問いに答えなさい。

(1) $\left(\dfrac{9}{16}\right)^{-\frac{1}{2}} = \dfrac{\boxed{ア}}{\boxed{イ}}$

である。

(2) $\log_6 4 + 2\log_6 3 = \boxed{ウ}$

である。

(3) 不等式 $\log_3 x + \log_3(2x-1) < 0$ を解くと

$$\dfrac{\boxed{エ}}{\boxed{オ}} < x < \boxed{カ}$$

である。

7 次の各問いに答えなさい。

(1) 関数 $y = -x^3 + 2x^2 - x + 6$ ……① について

(ⅰ) 関数①のグラフ上の点 $P(-1,\ 10)$ における接線の方程式は

$$y = \boxed{ア}\boxed{イ}\,x + \boxed{ウ}$$

である。

(ⅱ) 関数①の極大値は

$$\boxed{エ}$$

である。

(2) 放物線 $y = 2x^2 + 8x + 6$ と直線 $x = -4$, x 軸, y 軸で囲まれた3つの部分の面積の和は

$$\boxed{オ}$$

である。

8 次の各問いに答えなさい。

(1) 第8項が2，第20項が50である等差数列 $\{a_n\}$ について，一般項は

$$a_n = \boxed{\text{ア}}\, n - \boxed{\text{イ}}\,\boxed{\text{ウ}}$$

であり，

$$\sum_{k=1}^{n} a_k = \boxed{\text{エ}}\, n(n - \boxed{\text{オ}}\,\boxed{\text{カ}})$$

である。

(2) 数列 $\{b_n\}$ が

$$b_1 = -4, \quad b_{n+1} = 3b_n + 14 \quad (n = 1,\ 2,\ 3,\ \cdots\cdots)$$

で定められるとき，一般項は

$$b_n = \boxed{\text{キ}}^{\,n} - \boxed{\text{ク}}$$

である。

1 次の各問いに答えなさい。

(1) 2次関数 $y = -2x^2 - 12x + 5$ のグラフを x 軸方向に5, y 軸方向に -8 だけ平行移動したグラフを表す式は

$$y = -2x^2 + \boxed{\text{ア}}\,x + \boxed{\text{イ}}$$

である。

(2) △ABC において，AB $= 4$, $\angle$BAC $= \dfrac{2}{3}\pi$, $\angle$ACB $= \dfrac{\pi}{4}$ であるとき

$$\text{BC} = \boxed{\text{ウ}}\,\sqrt{\boxed{\text{エ}}}$$

である。

(3) $\dfrac{a + 13i}{1 + bi} = 3 - 2i$ であるとき

$$a = \boxed{\text{オ}\,\text{カ}}, \quad b = \boxed{\text{キ}}$$

である。ただし，a, b は実数，i は虚数単位とする。

(4) 2次方程式 $3x^2 - 6x + 5 = 0$ の2つの解を α, β とするとき

$$\alpha^3 + \beta^3 = \boxed{\text{ク}\,\text{ケ}}$$

である。

(5) 円 $x^2 + y^2 = 10$ と直線 $y = -2x + k$ が接するとき

$$k = \pm\boxed{\text{コ}}\,\sqrt{\boxed{\text{サ}}}$$

である。

(6) 方程式 $\sin 2\theta = \cos\theta$ の解は，$0 \leqq \theta < 2\pi$ の範囲に全部で

$$\boxed{\text{シ}}\ \text{個}$$

ある。

(7) 楕円 $\dfrac{x^2}{a^2} + \dfrac{y^2}{b^2} = 1$ $(a > 0,\ b > 0)$ の焦点の座標が $(2,\ 0)$, $(-2,\ 0)$，長軸の長さが6であるとき

$$a^2 = \boxed{\text{ス}}, \quad b^2 = \boxed{\text{セ}}$$

である。

(8) 原点 O を極，x 軸の正の部分を始線とする極座標において，$\left(2,\ -\dfrac{\pi}{3}\right)$ で表される点の直交座標は $\boxed{\text{ソ}}$ である。$\boxed{\text{ソ}}$ に最も適するものを下の選択肢から選び，番号で答えなさい。

〈選択肢〉
① $(\sqrt{3},\ -1)$　　② $(1,\ -\sqrt{3})$　　③ $(-\sqrt{3},\ 1)$　　④ $(-1,\ \sqrt{3})$

⑤ $\left(\dfrac{\sqrt{3}}{2},\ -\dfrac{1}{2}\right)$　　⑥ $\left(\dfrac{1}{2},\ -\dfrac{\sqrt{3}}{2}\right)$　　⑦ $\left(-\dfrac{\sqrt{3}}{2},\ \dfrac{1}{2}\right)$　　⑧ $\left(-\dfrac{1}{2},\ \dfrac{\sqrt{3}}{2}\right)$

$\boxed{2}$ 次の各問いに答えなさい。

(1) 右の図は，あるクラス25人の数学の実力テスト
の結果から作成したヒストグラムである。ただし，
各階級の区間は左側の数値を含み、右側の数値を
含まない。このヒストグラムに対応する箱ひげ図
は $\boxed{\quad ア \quad}$ である。$\boxed{\quad ア \quad}$ に最も適するものを
下の選択肢から選び，番号で答えなさい。

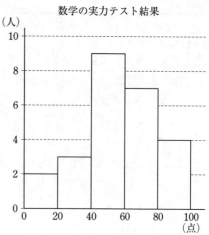

数学の実力テスト結果

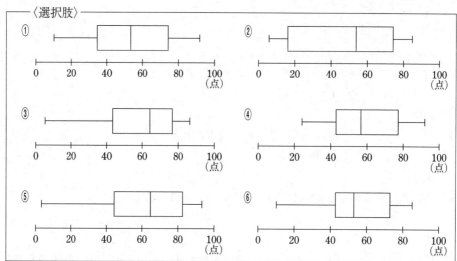

〈選択肢〉

(2) 72の正の約数の総和は $\boxed{\text{イ} \mid \text{ウ} \mid \text{エ}}$ である。

(3) 等式 $2xy+2x-3y-15=0$ を満たす整数 x, y の組は，全部で $\boxed{\quad オ \quad}$ 組ある。

3 A，Bの2人が次のようにして，トランプのカードを無作為に引く。Aはハートの1，2，3の3枚のカードから1枚を引く。Bはダイヤの1，2，3，4，5の5枚のカードから，Aの取り出したカードに書かれた数の枚数だけカードを一度に引く。このとき，次の問いに答えなさい。

(1) Bのカードの取り出し方は全部で

$$\boxed{ア}\boxed{イ} \text{ 通り}$$

ある。

(2) Bが取り出したカードの数の和が5以上になる確率は

$$\dfrac{\boxed{ウ}}{\boxed{エ}}$$

である。ただし，1枚だけ取り出したときも，その数を和と考える。

(3) Bが取り出したカードの数の和が5以上であるとき，Aがハートの2のカードを取り出していた条件付き確率は

$$\dfrac{\boxed{オ}}{\boxed{カ}}$$

である。

4 次の各問いに答えなさい。

(1) 3次関数 $y=2x^3+9x^2+12x-2$ について

極大値は $\boxed{ア}\boxed{イ}$

極小値は $\boxed{ウ}\boxed{エ}$

である。

(2) 2曲線 $y=x^2+4x-1$，$y=-2x^2+x+5$ で囲まれた部分のうち，y 軸より左側にある部分の面積を S_1，y 軸より右側にある部分の面積を S_2 とする。このとき

$$\dfrac{S_2}{S_1}=\dfrac{\boxed{オ}}{\boxed{カ}\boxed{キ}}$$

である。

5

次の各問いに答えなさい。

(1) $8^{-\frac{2}{9}} \div \sqrt[3]{16} = \dfrac{\boxed{\text{ア}}}{\boxed{\text{イ}}}$

である。

(2) 方程式 $\log_3(x-1) + \log_3(x-7) = 3$ の解は

$$x = \boxed{\text{ウ}\ \text{エ}}$$

である。

(3) 関数 $y = \cos 2x - 2\cos x + 3$ （$0 \leqq x \leqq \pi$）は

$$x = \boxed{\text{オ}} \ \text{で，最小値} \ \dfrac{\boxed{\text{カ}}}{\boxed{\text{キ}}}$$

をとる。

$\boxed{\text{オ}}$ には最も適するものを下の選択肢から選び，番号で答えなさい。

┌─〈選択肢〉───┐

① 0　　　② $\dfrac{\pi}{6}$　　　③ $\dfrac{\pi}{4}$　　　④ $\dfrac{\pi}{3}$　　　⑤ $\dfrac{\pi}{2}$

⑥ $\dfrac{2}{3}\pi$　　　⑦ $\dfrac{3}{4}\pi$　　　⑧ $\dfrac{5}{6}\pi$　　　⑨ π

└───┘

6

右の図の台形 ABCD において，AD∥BC，
BC = 2AD である。辺 DC を 2：1 に内分する点を E
とし，$\overrightarrow{\text{AB}} = \vec{b}$，$\overrightarrow{\text{AD}} = \vec{d}$ とするとき，次の問いに答
えなさい。

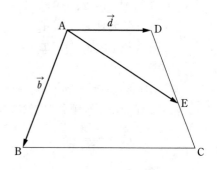

(1) $\overrightarrow{\text{AE}}$ を $\vec{b}$ と $\vec{d}$ を用いて表すと

$$\overrightarrow{\text{AE}} = \dfrac{\boxed{\text{ア}}\ \vec{b} + \boxed{\text{イ}}\ \vec{d}}{\boxed{\text{ウ}}}$$

である。

(2) AB = 3，AD = 2，$\angle$ABC = $\dfrac{\pi}{3}$ のとき

$$\vec{b} \cdot \vec{d} = -\boxed{\text{エ}}$$

であり

$$|\overrightarrow{\text{AE}}| = \dfrac{\boxed{\text{オ}}\sqrt{\boxed{\text{カ}}\ \boxed{\text{キ}}}}{\boxed{\text{ク}}}$$

である。

7

次の各問いに答えなさい。

(1) 第6項が-6，第18項が2である等差数列において，$\dfrac{76}{3}$は第 $\boxed{\text{アイ}}$ 項の数である。

(2) $a_1=2$，$a_{n+1}=3a_n-2n$（$n=1,\ 2,\ 3,\ \cdots\cdots$）で定められた数列 $\{a_n\}$ がある。

(i) $b_n=a_{n+1}-a_n$ とおくとき，
$$b_1=\boxed{\text{ウ}}\ ,\quad b_{n+1}=\boxed{\text{エ}}\,b_n-\boxed{\text{オ}}$$
が成り立つ。

(ii) 数列 $\{a_n\}$ の一般項は
$$a_n=\frac{\boxed{\text{カ}}^{\,n-1}+\boxed{\text{キ}}}{\boxed{\text{ク}}}+n$$
である。

8

次の各問いに答えなさい。

(1) $\displaystyle\lim_{n\to\infty}\frac{n^2}{1+2+3+\cdots\cdots+n}=\boxed{\text{ア}}$
である。

(2) $\displaystyle\lim_{x\to 2}\frac{\sqrt{4x+1}-3}{x-2}=\dfrac{\boxed{\text{イ}}}{\boxed{\text{ウ}}}$
である。

(3) 右の図のように，座標平面上で，点Pは原点Oから出発して，x軸の正の方向に1だけ進み，次にy軸の正の方向に$\dfrac{1}{2}$だけ進む。以下，x軸の負の方向，y軸の負の方向，x軸の正の方向，……と進行方向左に90°ずつ向きを変え，それぞれ$\left(\dfrac{1}{2}\right)^2$，$\left(\dfrac{1}{2}\right)^3$，$\left(\dfrac{1}{2}\right)^4$，……と限りなく進むとき，点Pが近づいていく点の座標は$\left(\dfrac{\boxed{\text{エ}}}{\boxed{\text{オ}}},\ \dfrac{\boxed{\text{カ}}}{\boxed{\text{キ}}}\right)$である。

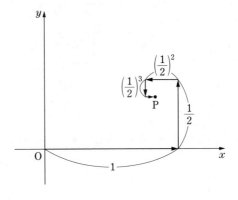

1 次の各問いに答えなさい。

(1) 整式 $x^3+2x^2-17x+3$ を $x-3$ で割ったときの

商は　　$x^2+\boxed{ア}\,x-\boxed{イ}$

余りは　$\boxed{ウ}\boxed{エ}$

である。

(2) i を虚数単位とするとき

$$\frac{1}{3-\sqrt{7}i}+\frac{1}{3+\sqrt{7}i}=\frac{\boxed{オ}}{\boxed{カ}}$$

である。

(3) $\sqrt{2}\sin\dfrac{5}{4}\pi+\sqrt{3}\cos\left(-\dfrac{\pi}{6}\right)=\dfrac{\boxed{キ}}{\boxed{ク}}$

である。

(4) 空間のベクトル $\vec{a}=(1,\ -2,\ -1),\ \vec{b}=(-3,\ 4,\ -2)$ について

$\vec{a}\cdot\vec{b}=\boxed{ケ}\boxed{コ}$

である。

【解　答】

(1) 下の割り算より，商は x^2+5x-2，余りは -3

$$
\begin{array}{r}
x^2+5x\ -2 \\
x-3\,)\overline{\,x^3+2x^2-17x+3\,} \\
\underline{x^3-3x^2} \\
5x^2-17x \\
\underline{5x^2-15x} \\
-2x+3 \\
\underline{-2x+6} \\
-3
\end{array}
$$

答 （ア）5　（イ）2　（ウ）−　（エ）3

(2) 分母と分子に共役な複素数をかけて通分し，分母を実数にする。

$$\frac{1}{3-\sqrt{7}i}+\frac{1}{3+\sqrt{7}i}=\frac{3+\sqrt{7}i}{(3-\sqrt{7}i)(3+\sqrt{7}i)}+\frac{3-\sqrt{7}i}{(3-\sqrt{7}i)(3+\sqrt{7}i)}$$

$$=\frac{3+\sqrt{7}i+3-\sqrt{7}i}{(3-\sqrt{7}i)(3+\sqrt{7}i)}$$

$$=\frac{6}{3^2-(\sqrt{7}i)^2}=\frac{6}{9+7}=\frac{3}{8}$$

答 （オ）3　（カ）8

(3) $\sin \dfrac{5}{4}\pi = \sin\left(\pi + \dfrac{\pi}{4}\right) = -\sin\dfrac{\pi}{4} = -\dfrac{\sqrt{2}}{2}$,

$\cos\left(-\dfrac{\pi}{6}\right) = \cos\dfrac{\pi}{6} = \dfrac{\sqrt{3}}{2}$　となるので,

$$\sqrt{2}\sin\dfrac{5}{4}\pi + \sqrt{3}\cos\left(-\dfrac{\pi}{6}\right) = \sqrt{2}\cdot\left(-\dfrac{\sqrt{2}}{2}\right) + \sqrt{3}\cdot\dfrac{\sqrt{3}}{2}$$

$$= -1 + \dfrac{3}{2}$$

$$= \dfrac{1}{2}$$

> **【参考】** $\pi + \theta$ の変換
> ・$\sin(\pi + \theta) = -\sin\theta$
> ・$\cos(\pi + \theta) = -\cos\theta$
> ・$\tan(\pi + \theta) = \tan\theta$

答（キ）1　（ク）2

(4) $\vec{a} = (1,\ -2,\ -1)$, $\vec{b} = (-3,\ 4,\ -2)$ より,

$$\vec{a}\cdot\vec{b} = 1\cdot(-3) + (-2)\cdot 4 + (-1)\cdot(-2)$$

$$= -3 - 8 + 2$$

$$= -9$$

答（ケ）－　（コ）9

> **【参考】** 空間ベクトルの内積
> $\vec{a} = (a_1,\ a_2,\ a_3)$,
> $\vec{b} = (b_1,\ b_2,\ b_3)$ とするとき,
> $\vec{a}\cdot\vec{b} = a_1 b_1 + a_2 b_2 + a_3 b_3$
> が成り立つ。

2

2つの円　$C_1 : x^2 + y^2 + 8x - 6y + 21 = 0$

$C_2 : x^2 + y^2 = k$

と直線　$l : x + 2y - 3 = 0$

について, 次の問いに答えなさい。ただし, k は正の定数とする。

(1) 円 C_1 の

中心の座標は（ ア イ , ウ ）, 半径は エ

である。

(2) 円 C_1 と円 C_2 が異なる2点で交わるとき, 定数 k のとり得る値の範囲は

オ $< k <$ カ キ

(3) 円 C_2 と直線 l が接するとき

$$k = \dfrac{\text{ク}}{\text{ケ}}$$

である。

解 答

(1) $C_1 : x^2 + y^2 + 8x - 6y + 21 = 0$ について, x, y それぞれについて平方完成をすると,

$$(x^2 + 8x + 16) - 16 + (y^2 - 6y + 9) - 9 + 21 = 0$$

$$(x + 4)^2 + (y - 3)^2 = 4 = 2^2$$

よって, 円 C_1 の中心の座標は $(-4,\ 3)$, 半径は 2

答（ア）－　（イ）4　（ウ）3　（エ）2

(2) 円 C_2 の中心は原点，半径は $\sqrt{k}$ である。

円 C_1 と円 C_2 が異なる2点で交わるのは，円 C_1 の中心と円 C_2 の中心の距離を d とすると，右図から

$$d-2<\sqrt{k}<d+2$$

円 C_2 の中心は原点なので，2つの円の中心の距離 d は

$$d=\sqrt{(-4)^2+3^2}=\sqrt{25}=5 \ \text{だから}$$
$$3<\sqrt{k}<7$$

よって，$9<k<49$

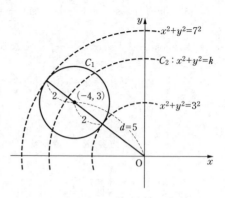

答（オ）9 （カ）4 （キ）9

(3) 直線 l：$x+2y-3=0$ と原点との距離は

$$\frac{|1\cdot0+2\cdot0-3|}{\sqrt{1^2+2^2}}=\frac{3}{\sqrt{5}}$$

これが円 C_2 の半径 $\sqrt{k}$ と等しくなればよいので

$$\sqrt{k}=\frac{3}{\sqrt{5}}，\text{よって}\quad k=\frac{9}{5}$$

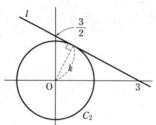

【参考】点と直線の距離

直線 $ax+by+c=0$ と点 $(x_0,\ y_0)$ との距離は

$$\frac{|ax_0+by_0+c|}{\sqrt{a^2+b^2}}$$

答（ク）9 （ケ）5

3　次の各問いに答えなさい。

(1) 第3項が6，第11項が46である等差数列 $\{a_n\}$ について，一般項 a_n は

$$a_n=\boxed{\text{ア}}\,n-\boxed{\text{イ}}$$

である。

(2) 等比数列 $\{b_n\}$ の初項から第 n 項までの和 S_n について，$S_3=9$，$S_6=-63$ であるとき

$$b_5=\boxed{\text{ウエ}}$$

である。ただし，$\{b_n\}$ の公比は実数とする。

(3) $\displaystyle\sum_{k=1}^{n}2k(3k-1)=\boxed{\text{オ}}\,n^3+\boxed{\text{カ}}\,n^2$

である。

解　答

(1) 等差数列 $\{a_n\}$ の初項を a，公差を d とすると，

一般項は，$a_n=a+(n-1)d$ となるので，

$$a_3=a+2d=6 \quad\cdots\cdots\text{①}$$
$$a_{11}=a+10d=46 \quad\cdots\cdots\text{②}$$

②−① より　$8d=40$　なので　$d=5$

①に代入して　$a+10=6$　から　$a=-4$

したがって，一般項は $a_n = -4 + (n-1) \times 5 = 5n - 9$

(2) 等差数列 $\{b_n\}$ の初項を b，公比を r とすると，

一般項は，$b_n = br^{n-1}$ となるので，

$b_1 + b_2 + b_3 = S_3$ より，

$$b + br + br^2 = 9 \quad \cdots\cdots ③$$

また，$b_1 + b_2 + b_3 + b_4 + b_5 + b_6 = S_6$ より，

$$b + br + br^2 + br^3 + br^4 + br^5 = -63$$

③ より $9 + br^3 + br^4 + br^5 = -63$

$$r^3(b + br + br^2) = -72 \quad \cdots\cdots ④$$

③，④ より $9r^3 = -72$

$$r^3 = -8$$

r は実数だから $r = -2$

③に代入して $b - 2b + 4b = 9$

$$3b = 9$$

$$b = 3$$

よって，一般項は $b_n = 3 \cdot (-2)^{n-1}$ と表せるから，

$n = 5$ のとき，$b_5 = 3 \cdot (-2)^{5-1} = 3 \cdot 16 = \mathbf{48}$

(3) $\displaystyle\sum_{k=1}^{n} 2k(3k-1) = \sum_{k=1}^{n} (6k^2 - 2k)$

$$= 6 \cdot \frac{1}{6} n(n+1)(2n+1) - 2 \cdot \frac{1}{2} n(n+1)$$

$$= n(n+1)(2n+1) - n(n+1)$$

$$= n(n+1)(2n+1-1)$$

$$= 2n^2(n+1)$$

$$= \mathbf{2}n^3 + \mathbf{2}n^2$$

【参考】Σの公式

$$\sum_{k=1}^{n} c = nc$$

$$\sum_{k=1}^{n} k = \frac{1}{2} n(n+1)$$

$$\sum_{k=1}^{n} k^2 = \frac{1}{6} n(n+1)(2n+1)$$

$$\sum_{k=1}^{n} k^3 = \left\{ \frac{1}{2} n(n+1) \right\}^2$$

$$= \frac{1}{4} n^2(n+1)^2$$

4 次の各問いに答えなさい。

(1) $729^{-\frac{1}{3}} = \dfrac{\boxed{ア}}{\boxed{イ}}$ である。

(2) $\log_8 96 - \log_8 6 = \dfrac{\boxed{ウ}}{\boxed{エ}}$ である。

(3) 不等式 $\log_3(12-x) - \log_3(x-2) > 2$ を解くと

$$\boxed{オ}$$

である。

$\boxed{オ}$ に最も適するものを下の選択肢の中から選び，番号で答えなさい。

〈選択肢〉

① $0 < x < 12$　　② $2 < x < 12$　　③ $2 < x < 3$

④ $3 < x < 12$　　⑤ $x > 2$　　⑥ $x > 3$

⑦ $x < 3$　　⑧ $x < 12$　　⑨ 解なし

解　答

(1) $729^{-\frac{1}{3}} = (3^6)^{-\frac{1}{3}}$

$\qquad = 3^{6 \cdot \left(-\frac{1}{3}\right)}$

$\qquad = 3^{-2}$

$\qquad = \dfrac{1}{3^2}$

$\qquad = \dfrac{1}{9}$

【参考】指数法則

$a^m \times a^n = a^{m+n}$, $\quad a^m \div a^n = a^{m-n}$

$(a^m)^n = a^{mn}$, $\quad (ab)^n = a^n b^n$

$\left(\dfrac{a}{b}\right)^n = \dfrac{a^n}{b^n}$

答　（ア）**1**　（イ）**9**

(2) $\log_8 96 - \log_8 6 = \log_8 \dfrac{96}{6} = \log_8 16$

底の変換公式より

$$\log_8 16 = \frac{\log_2 16}{\log_2 8} = \frac{\log_2 2^4}{\log_2 2^3} = \frac{4}{3}$$

【参考】底の変換公式

$a,\ b,\ c$ が正の数で，

$a \neq 1,\ c \neq 1$ のとき

$$\log_a b = \frac{\log_c b}{\log_c a}$$

答　（ウ）**4**　（エ）**3**

(3) 真数条件より　　$12-x > 0$ かつ $x-2 > 0$

すなわち　$2 < x < 12$　……①

このとき，

$\qquad \log_3(12-x) - \log_3(x-2) > 2$

$\qquad \log_3(12-x) - \log_3(x-2) > 2 \cdot \log_3 3$

$\qquad \log_3(12-x) > \log_3 3^2 + \log_3(x-2)$

$\qquad \log_3(12-x) > \log_3 9(x-2)$

底3は1より大きいから

— 126 —

$$12-x>9(x-2)$$
$$-10x>-30$$
$$x<3 \quad \cdots\cdots②$$

①と②より　　$2<x<3$,　　　したがって，選択肢の③

答（オ）③

---

5 次の各問いに答えなさい。

(1) 関数 $y=x^3-3x^2+11$ ……① のグラフ上の点Pの x 座標は1である。このとき

$$P(1, \boxed{ア})$$

であり，点Pにおける①の接線の方程式は

$$y=\boxed{イ}\boxed{ウ}x+\boxed{エ}\boxed{オ}$$

である。また，関数①の極小値は

$$\boxed{カ}$$

である。

(2) 連立不等式

$$\begin{cases} y \geqq x^2+x-6 \\ y \leqq 0 \\ x \geqq -1 \end{cases}$$

の表す領域の面積は

$$\frac{\boxed{キ}\boxed{ク}}{\boxed{ケ}}$$

である。

解　答

(1) $f(x)=x^3-3x^2+11$ ……① とおく。

$$f(1)=1^3-3\cdot1^2+11=9 \text{ より，} P(1, \textbf{9})$$

ここで，$f'(x)=3x^2-6x$ なので，

$f'(1)=3\cdot1^2-6\cdot1=-3$ である。

よって，点Pにおける①の接線は，傾きが -3 で 点P$(1, 9)$ を通るので，求める方程式は

$$y-9=-3(x-1)$$
$$y=\textbf{-3}x+\textbf{12}$$

また，$f'(x)=0$ とすると

$$3x(x-2)=0$$
$$x=0, 2$$

これより，増減表は右のようになるから，関数①は $x=2$ で極小値をとり，その極小値は

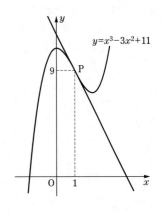

x	$\cdots$	0	$\cdots$	2	$\cdots$
$f'(x)$		$+$	0	$-$	0	$+$
$f(x)$		↗	極大	↘	極小	↗

$$f(2) = 2^3 - 3 \cdot 2^2 + 11$$
$$= 8 - 12 + 11$$
$$= 7$$

答 **(ア) 9　(イ) −　(ウ) 3　(エ) 1　(オ) 2　(カ) 7**

(2) $x^2 + x - 6 = 0$ を解くと，

　　　　$(x+3)(x-2) = 0$ で，$x = -3,\ 2$

となるから，連立不等式が表す領域は右図の斜線部分(境界線
を含む)である。

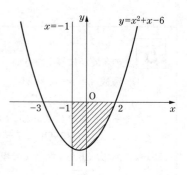

　　よって，その面積は

$$-\int_{-1}^{2}(x^2+x-6)\,dx = -\left[\frac{x^3}{3}+\frac{x^2}{2}-6x\right]_{-1}^{2}$$
$$= -\left(\frac{8}{3}+2-12\right)+\left(-\frac{1}{3}+\frac{1}{2}+6\right)$$
$$= \frac{27}{2}$$

答 **(キ) 2　(ク) 7　(ケ) 2**

6　次の各問いに答えなさい。

(1) 加法定理により

$$\sin\left(x+\frac{\pi}{6}\right)+\sin\left(x-\frac{\pi}{6}\right) = \boxed{\ \text{ア}\ }\sin x \cos\frac{\pi}{\boxed{\text{イ}}}$$

であるから，$\sin x = \dfrac{\sqrt{3}}{4}$ のとき

$$\sin\left(x+\frac{\pi}{6}\right)+\sin\left(x-\frac{\pi}{6}\right) = \frac{\boxed{\ \text{ウ}\ }}{\boxed{\ \text{エ}\ }}$$

である。

(2) $0 \leqq x < 2\pi$ のとき，方程式 $\sin 2x + \cos x = 0$ を満たす x は

$$x = \boxed{\ \text{オ}\ },\ \boxed{\ \text{カ}\ },\ \boxed{\ \text{キ}\ },\ \boxed{\ \text{ク}\ }$$

である。$\boxed{\ \text{オ}\ }$，$\boxed{\ \text{カ}\ }$，$\boxed{\ \text{キ}\ }$，$\boxed{\ \text{ク}\ }$ に最も適するものを下の選択肢から選び，番号
で答えなさい。ただし，$\boxed{\ \text{オ}\ } < \boxed{\ \text{カ}\ } < \boxed{\ \text{キ}\ } < \boxed{\ \text{ク}\ }$ とする。

〈選択肢〉

① $\dfrac{\pi}{6}$　　② $\dfrac{\pi}{3}$　　③ $\dfrac{\pi}{2}$　　④ $\dfrac{2}{3}\pi$　　⑤ $\dfrac{5}{6}\pi$

⑥ π　　⑦ $\dfrac{7}{6}\pi$　　⑧ $\dfrac{3}{2}\pi$　　⑨ $\dfrac{11}{6}\pi$

[解　答]

(1) $\sin\left(x+\dfrac{\pi}{6}\right)+\sin\left(x-\dfrac{\pi}{6}\right) = \left(\sin x \cos\dfrac{\pi}{6}+\cos x \sin\dfrac{\pi}{6}\right)+\left(\sin x \cos\dfrac{\pi}{6}-\cos x \sin\dfrac{\pi}{6}\right)$

$$= \mathbf{2}\sin x \cos\frac{\pi}{\mathbf{6}}$$

また，$\cos\dfrac{\pi}{6}=\dfrac{\sqrt{3}}{2}$ より，$\sin x=\dfrac{\sqrt{3}}{4}$ のとき

$$\sin\left(x+\dfrac{\pi}{6}\right)+\sin\left(x-\dfrac{\pi}{6}\right)=2\sin x\cos\dfrac{\pi}{6}$$

$$=2\cdot\dfrac{\sqrt{3}}{4}\cdot\dfrac{\sqrt{3}}{2}=\dfrac{3}{4}$$

答 （ア）2　（イ）6　（ウ）3　（エ）4

(2) 2倍角の公式より，$\sin 2x=2\sin x\cos x$ だから，

$$\sin 2x+\cos x=0$$
$$2\sin x\cos x+\cos x=0$$
$$\cos x(2\sin x+1)=0$$

したがって，

$$\cos x=0 \quad または \quad \sin x=-\dfrac{1}{2}$$

$0\leqq x<2\pi$ のとき

$$\cos x=0 \quad より \quad x=\dfrac{\pi}{2},\ \dfrac{3}{2}\pi$$

$$\sin x=-\dfrac{1}{2} \quad より \quad x=\dfrac{7}{6}\pi,\ \dfrac{11}{6}\pi$$

よって，求める解は　$x=\dfrac{\pi}{2},\ \dfrac{7}{6}\pi,\ \dfrac{3}{2}\pi,\ \dfrac{11}{6}\pi$

したがって，選択肢の　③，⑦，⑧，⑨

答 （オ）③　（カ）⑦　（キ）⑧　（ク）⑨

【参考】2倍角の公式

$$\sin 2\theta=2\sin\theta\cos\theta$$
$$\cos 2\theta=\cos^2\theta-\sin^2\theta$$
$$=1-2\sin^2\theta$$
$$=2\cos^2\theta-1$$
$$\tan 2\theta=\dfrac{2\tan\theta}{1-\tan^2\theta}$$

7

次の各問いに答えなさい。

(1) $\vec{a}=(4,\ -1)$, $\vec{b}=(2,\ -5)$ のとき

$$3\vec{a}-2\vec{b}=(\boxed{\ \ ア\ \ },\ \boxed{\ \ イ\ \ })$$
$$|\vec{a}-\vec{b}|=\boxed{\ \ ウ\ \ }\sqrt{\boxed{\ \ エ\ \ }}$$

である。

(2) △ABC において，辺 AB を 3：2 に内分する点を D，線分 DC を 1：5 に内分する点を P とするとき

(i) $\overrightarrow{\text{AP}}=\dfrac{\boxed{\ オ\ }}{\boxed{\ カ\ }}\overrightarrow{\text{AB}}+\dfrac{\boxed{\ キ\ }}{\boxed{\ ク\ }}\overrightarrow{\text{AC}}$ である。

(ii) さらに，AB＝4，AC＝6，∠BAC＝60° であるとき

$$|\overrightarrow{\text{AP}}|=\sqrt{\boxed{\ \ ケ\ \ }}$$

である。

解 答

(1) $3\vec{a}-2\vec{b}=3(4,\ -1)-2(2,\ -5)$

$\qquad\qquad =(12-4,\ -3+10)$

$\qquad\qquad =(\boldsymbol{8},\ \boldsymbol{7})$

また,

$\qquad \vec{a}-\vec{b}=(4,\ -1)-(2,\ -5)=(2,\ 4)$

よって $|\vec{a}-\vec{b}|=\sqrt{2^2+4^2}=\sqrt{20}=\boldsymbol{2\sqrt{5}}$

答 **(ア) 8 (イ) 7 (ウ) 2 (エ) 5**

(2) (i) AD：DB＝3：2 より, $\overrightarrow{\mathrm{AD}}=\dfrac{3}{5}\overrightarrow{\mathrm{AB}}$

Pは線分DCを 1：5 に内分する点だから,

$\qquad \overrightarrow{\mathrm{AP}}=\dfrac{5\cdot\overrightarrow{\mathrm{AD}}+1\cdot\overrightarrow{\mathrm{AC}}}{1+5}$

$\qquad\qquad =\dfrac{5}{6}\overrightarrow{\mathrm{AD}}+\dfrac{1}{6}\overrightarrow{\mathrm{AC}}$

$\qquad\qquad =\dfrac{5}{6}\cdot\dfrac{3}{5}\overrightarrow{\mathrm{AB}}+\dfrac{1}{6}\overrightarrow{\mathrm{AC}}$

$\qquad\qquad =\dfrac{1}{2}\overrightarrow{\mathrm{AB}}+\dfrac{1}{6}\overrightarrow{\mathrm{AC}}$

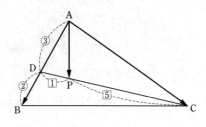

答 **(オ) 1 (カ) 2 (キ) 1 (ク) 6**

(ii) $|\overrightarrow{\mathrm{AB}}|=4,\ |\overrightarrow{\mathrm{AC}}|=6$ より

$\qquad \overrightarrow{\mathrm{AB}}\cdot\overrightarrow{\mathrm{AC}}=|\overrightarrow{\mathrm{AB}}||\overrightarrow{\mathrm{AC}}|\cos60°=4\cdot6\cdot\dfrac{1}{2}=12$

よって,

$\qquad |\overrightarrow{\mathrm{AP}}|^2=\left|\dfrac{1}{2}\overrightarrow{\mathrm{AB}}+\dfrac{1}{6}\overrightarrow{\mathrm{AC}}\right|^2$

$\qquad\qquad =\dfrac{1}{4}|\overrightarrow{\mathrm{AB}}|^2+\dfrac{1}{6}\overrightarrow{\mathrm{AB}}\cdot\overrightarrow{\mathrm{AC}}+\dfrac{1}{36}|\overrightarrow{\mathrm{AC}}|^2$

$\qquad\qquad =\dfrac{1}{4}\cdot4^2+\dfrac{1}{6}\cdot12+\dfrac{1}{36}\cdot6^2$

$\qquad\qquad =4+2+1=7$

$|\overrightarrow{\mathrm{AP}}|>0$ より $|\overrightarrow{\mathrm{AP}}|=\boldsymbol{\sqrt{7}}$

答 **(ケ) 7**

数学　4月実施　　正解と配点　(60分, 100点満点)

問題番号・記号		正解	配点
1	(1)ア，イ，ウ・エ	5, 2, -・3	4
	(2)オ，カ	3, 8	4
	(3)キ，ク	1, 2	4
	(4)ケ・コ	-・9	4
2	(1)ア・イ，ウ	-・4, 3	3
	エ	2	2
	(2)オ，カ・キ	9, 4・9	5
	(3)ク，ケ	9, 5	5
3	(1)ア，イ	5, 9	4
	(2)ウ・エ	4・8	5
	(3)オ，カ	2, 2	5
4	(1)ア，イ	1, 9	4
	(2)ウ，エ	4, 3	5
	(3)オ	③	5
5	(1)ア	9	2
	イ・ウ，エ・オ	-・3, 1・2	4
	カ	7	4
	(2)キ・ク，ケ	2・7, 2	5
6	(1)ア，イ	2, 6	3
	ウ，エ	3, 4	3
	(2)オ，カ，キ，ク	③, ⑦, ⑧, ⑨	5
7	(1)ア，イ	8, 7	3
	ウ，エ	2, 5	3
	(2)(i)オ，カ，キ，ク	1, 2, 1, 6	4
	(ii)ケ	7	5

1

次の各問いに答えなさい。

(1) $(\sqrt{2}+\sqrt{3}-1)(\sqrt{2}-\sqrt{3}+1) = \boxed{ア}\sqrt{\boxed{イ}}-\boxed{ウ}$
である。

(2) 10個のデータ

9, 5, 7, 4, 14, 10, 8, 7, 10, 11

の箱ひげ図として正しいものは $\boxed{エ}$ である。$\boxed{エ}$ に最も適するものを下の選択肢から
選び，番号で答えなさい。

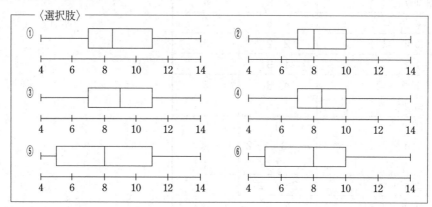

(3) 1188の正の約数は全部で $\boxed{オ\,カ}$ 個ある。

(4) 整数 A を x^2+2x-1 で割ったときの商が $x-5$，余りが $4x+3$ であるとき
$$A = x^3 - \boxed{キ}\,x^2 - \boxed{ク}\,x + \boxed{ケ}$$
である。

(5) △ABC において，AB=4，AC=$3\sqrt{3}$，∠BAC=30° であるとき
$$BC = \sqrt{\boxed{コ}}$$
である。

(6) $\vec{a}=(3,\ -1)$，$\vec{b}=(-2,\ 5)$，$\vec{c}=(4,\ 29)$ であるとき
$$\vec{c} = \boxed{サ}\,\vec{a} + \boxed{シ}\,\vec{b}$$
である。

(1)　　$(\sqrt{2}+\sqrt{3}-1)(\sqrt{2}-\sqrt{3}+1)=\{\sqrt{2}+(\sqrt{3}-1)\}\{\sqrt{2}-(\sqrt{3}-1)\}$
$$=(\sqrt{2})^2-(\sqrt{3}-1)^2$$
$$=2-(4-2\sqrt{3})$$
$$=2-4+2\sqrt{3}$$
$$=\boldsymbol{2\sqrt{3}-2}$$

答　（ア）**2**　（イ）**3**　（ウ）**2**

(2)　10個のデータを小さい順に並べると，

　　　4　5　⑦　7　8｜9　10　⑩　11　14

　10個のデータについて，

　　　　最大値は　14

　　　　最小値は　4

　　　　中央値は小さい方から5番目と6番目の

　　　　データの平均値だから　$\dfrac{8+9}{2}=8.5$

　　　　第1四分位数は小さい方から3番目の

　　　　データだから　7

　　　　第3四分位数は小さい方から8番目のデータだから　10

　これらを満たす箱ひげ図は，選択肢の④

> **【参考】箱ひげ図**
>
> 箱ひげ図によって表される値は次の通り。
>
> 範囲／四分位範囲
>
> 最小値　第1四分位数　中央値　第3四分位数　最大値

答　（エ）④

(3)　1188を素因数分解すると，
$$1188=2^2\times3^3\times11$$
　よって，1188の正の約数の個数は，
$$(2+1)(3+1)(1+1)=3\times4\times2=\boldsymbol{24}\ （個）$$

答　（オ）**2**　（カ）**4**

> **【参考】約数の個数**
>
> 自然数 N が，素因数分解すると $N=a^pb^qc^r$ と表せるとき，N の正の約数の個数は，
>
> $(p+1)(q+1)(r+1)$ （個）である。

(4)　条件より，
$$A=(x^2+2x-1)(x-5)+(4x+3)$$
$$=x^3+2x^2\quad-x$$
$$\quad\quad-5x^2-10x+5$$
$$\quad\quad\quad\quad+4x+3$$
$$=x^3-3x^2\ \boldsymbol{-7x+8}$$

答　（キ）**3**　（ク）**7**　（ケ）**8**

> **【参考】整式の除法**
>
> 整式 A を B で割ったときの商を Q，余りを R，つまり，
>
> $A\div B=Q$ 余り R
>
> とするとき，次の等式が成り立つ。
>
> $A=B\times Q+R$

(5)　△ABC において，余弦定理より，
$$BC^2=AB^2+AC^2-2\cdot AB\cdot AC\cdot\cos\angle BAC$$
$$=4^2+(3\sqrt{3})^2-2\cdot4\cdot3\sqrt{3}\cdot\cos30°$$
$$=16+27-24\sqrt{3}\cdot\dfrac{\sqrt{3}}{2}$$
$$=16+27-36$$
$$=7$$
　BC>0 より，BC=$\boldsymbol{\sqrt{7}}$

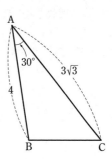

答　（コ）**7**

(6) $\vec{c}=m\vec{a}+n\vec{b}$ とおくと,

$$(4, \ 29)=m(3, \ -1)+n(-2, \ 5)$$
$$=(3m-2n, \ -m+5n)$$

よって,

x成分について, $3m-2n=4$ ……①

y成分について, $-m+5n=29$ ……②

①と②を連立方程式として解くと, $m=6$, $n=7$

したがって, $\vec{c}=6\vec{a}+7\vec{b}$

答 （サ）6 （シ）7

---

2 2次関数 $y=x^2+8x+13$ ……① について, 次の問いに答えなさい。

(1) 2次関数①のグラフの頂点は, 点 $\boxed{\text{ア}}$ である。$\boxed{\text{ア}}$ に最も適するものを下の選択肢から選び, 番号で答えなさい。

〈選択肢〉

① $(4, \ 29)$ ② $(4, \ -3)$ ③ $(-4, \ 29)$ ④ $(-4, \ -3)$

⑤ $(8, \ 13)$ ⑥ $(8, \ -3)$ ⑦ $(-8, \ 29)$ ⑧ $(-8, \ 13)$

(2) $-7\leqq x\leqq -2$ のとき, 2次関数①の

最大値は $\boxed{\text{イ}}$

最小値は $\boxed{\text{ウ}\ \text{エ}}$

である。

(3) 2次関数①のグラフを y軸方向に a だけ平行移動し, さらに原点に関して対称移動したグラフが点$(2, \ -8)$を通るとき

$a=\boxed{\text{オ}}$

である。

解 答

(1)　　$y=x^2+8x+13$
$$=(x+4)^2-4^2+13$$
$$=(x+4)^2-3$$

よって, 2次関数①のグラフの頂点は

点$(-4, \ -3)$

したがって, 選択肢の④

答 （ア）④

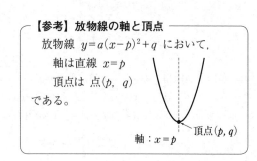

【参考】放物線の軸と頂点

放物線 $y=a(x-p)^2+q$ において,

軸は直線 $x=p$

頂点は 点$(p, \ q)$

である。

軸：$x=p$　頂点(p, q)

---

(2) $-7 \leqq x \leqq -2$ のとき，2次関数①のグラフは

右図の実線部分になるから，

   $x=-7$のとき，最大値は **6**

   $x=-4$のとき，最小値は **-3**

となる。

答 （イ）6　（ウ）-　（エ）3

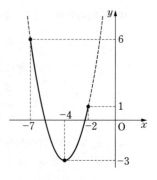

(3) 2次関数①のグラフの頂点$(-4, -3)$をy軸方向にaだけ平行

移動した点は 点$(-4, -3+a)$

 この点を原点に関して対称移動した点は 点$(4, 3-a)$で，

これが移動後のグラフの頂点であり，上に凸のグラフになる。

 その式は，

   $y=-(x-4)^2+(3-a)$

これが 点$(2, -8)$ を通るから，

   $-8=-(2-4)^2+(3-a)$

よって， $a=\textbf{7}$

答 （オ）7

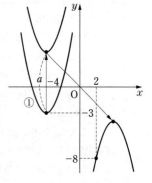

---

3 5円硬貨，10円硬貨，50円硬貨，100円硬貨，500円硬貨が1枚ずつある。この5枚の硬貨を同時に投げるとき，次の問いに答えなさい。

(1) 5枚の硬貨の表裏の出方は全部で

   $\boxed{\text{ア}\,\text{イ}}$ 通り

ある。

(2) 表がちょうど2枚出る確率は

   $\dfrac{\boxed{\text{ウ}}}{\boxed{\text{エ}\,\text{オ}}}$

である。

(3) 裏が出た硬貨の金額の合計より表が出た硬貨の金額の合計が大きければ，その差額を受け取れるものとする。受け取る金額が350円以上となる確率は

   $\dfrac{\boxed{\text{カ}}}{\boxed{\text{キ}\,\text{ク}}}$

である。

[解答]

(1) 5枚の硬貨それぞれについて，表か裏の2通りずつの出方があるから，全部で

   $2^5=\textbf{32}$（通り）

答 （ア）3　（イ）2

(2) 5枚の硬貨のうち，表が出る硬貨を2枚選べばよい。その選び方は，

$$_5C_2 = \frac{5\cdot 4}{2\cdot 1} = 10 \ (通り)$$

よって，求める確率は，

$$\frac{_5C_2}{2^5} = \frac{10}{32} = \frac{5}{16}$$

答 （ウ）5 （エ）1 （オ）6

(3) すべての硬貨の金額の合計は665円だから，表が出た硬貨の金額の合計を x 円とすると，裏が出た硬貨の金額の合計は $(665-x)$ 円となる。その差額が350円以上となるから，

$$x-(665-x) \geqq 350$$

$$x \geqq 507.5$$

すなわち，表が出た硬貨の金額の合計が507.5円以上になればよい。これより，

「500円硬貨は必ず表」，

かつ「10円，50円，100円硬貨のうち，少なくとも1枚は表」，

かつ「5円硬貨は表でも裏でもよい」

となればよい。

ここで，「10円，50円，100円硬貨のうち，少なくとも1枚は表」が出るのは，「10円，50円，100円硬貨がすべて裏」の余事象だから，(2^3-1) 通り。

したがって求める確率は，

$$\underbrace{\frac{1}{2}}_{\substack{500円\\硬貨の\\出方}} \times \underbrace{\frac{2^3-1}{2^3}}_{\substack{10円，50円，\\100円硬貨の\\出方}} \times \underbrace{\frac{2}{2}}_{\substack{5円\\硬貨の\\出方}} = \frac{1}{2} \times \frac{7}{8} \times 1 = \frac{7}{16}$$

答 （カ）7 （キ）1 （ク）6

【別解】 表が出た硬貨の金額の合計が507.5円以上になるときの各硬貨の出方は，

　　　・500円硬貨が表になるのは，1通り

　　　・10円硬貨，50円硬貨，100円硬貨のうち，少なくとも1枚が表になるのは，

　　　 (2^3-1) 通り

　　　・5円硬貨は表でも裏でもよいので，2通り

なので，全部で

$$1 \times (2^3-1) \times 2 = 14 \ (通り)$$

よって，求める確率は

$$\frac{14}{32} = \frac{7}{16}$$

4 円 $x^2 + y^2 + 12y + 26 = 0$ ……① と直線 $3x - y + 14 = 0$ ……② について，次の問いに答えなさい。

(1) 円①の中心の座標は

$$(\boxed{\text{ア}}, \boxed{\text{イ}}\boxed{\text{ウ}})$$

である。

(2) 円①の中心を通り，直線②に垂直な直線の方程式は

$$x + \boxed{\text{エ}}\,y + \boxed{\text{オ}}\boxed{\text{カ}} = 0$$

である。

(3) 点 P が円①上，点 Q が直線②上を動くとき，線分 PQ の長さの最小値は

$$\text{PQ} = \sqrt{\boxed{\text{キ}}\boxed{\text{ク}}}$$

である。

解　答

(1) $x^2 + y^2 + 12y + 26 = 0$ ……① を y について平方完成すると，

$$x^2 + (y+6)^2 - 36 + 26 = 0$$
$$x^2 + (y+6)^2 = 10$$

よって，中心の座標は $(0, -6)$ で，半径は $\sqrt{10}$。

答 （ア）0 （イ）- （ウ）6

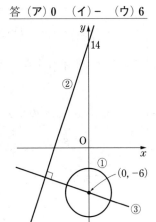

(2) 直線②の式を y について解くと $y = 3x + 14$ だから，
直線②の傾きは3である。

ここで，求める直線の傾きを a とすると，直線②と垂直だから，

$$3a = -1 \quad \text{より} \quad a = -\frac{1}{3}$$

また，円①の中心 $(0, -6)$ を通ることから，y 切片は -6 である。
以上より，求める直線の方程式は，

$$y = -\frac{1}{3}x - 6$$

すなわち，$x + 3y + 18 = 0$ ……③

答 （エ）3 （オ）1 （カ）8

(3) 円①の中心 $(0, -6)$ を A，直線②と(2)で求めた直線③との交点を B，線分 AB と円①との交点を C とする。

P が C，Q が B と一致するとき，PQ の長さは最小となる。

ここで，A$(0, -6)$ と直線② $3x - y + 14 = 0$ との距離は AB だから，

$$AB = \frac{|3 \cdot 0 - 1 \cdot (-6) + 14|}{\sqrt{3^2 + (-1)^2}} = \frac{20}{\sqrt{10}} = 2\sqrt{10}$$

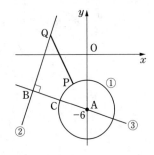

また，(1)より AC＝$\sqrt{10}$ だから，求める最小値は，

$$PQ = BC = AB - AC$$
$$= 2\sqrt{10} - \sqrt{10}$$
$$= \sqrt{10}$$

答（キ）1 （ク）0

【参考】点と直線の距離

直線 $ax + by + c = 0$ と点$(p, \ q)$
との距離 d は，

$$d = \frac{|ap + bq + c|}{\sqrt{a^2 + b^2}}$$

---

5 次の各問いに答えなさい。

(1) $\dfrac{\pi}{2} < \theta < \pi$ で，$\sin\theta = \dfrac{\sqrt{3}}{3}$ のとき

$$\cos\theta = \boxed{\ \text{ア}\ }, \quad \tan\theta = \boxed{\ \text{イ}\ }$$

である。$\boxed{\ \text{ア}\ }$，$\boxed{\ \text{イ}\ }$ に最も適するものを下の選択肢から選び，番号で答えなさい。ただし，同じものを繰り返し選んでもよい。

〈選択肢〉

① $\dfrac{\sqrt{2}}{2}$　　② $\dfrac{2}{3}$　　③ $\dfrac{\sqrt{6}}{3}$　　④ $\sqrt{2}$

⑤ $-\dfrac{\sqrt{2}}{2}$　　⑥ $-\dfrac{2}{3}$　　⑦ $-\dfrac{\sqrt{6}}{3}$　　⑧ $-\sqrt{2}$

(2) $\cos\theta = \dfrac{\sqrt{2}}{6}$ のとき

$$\sin\left(\theta + \frac{\pi}{4}\right) + \cos\left(\theta + \frac{\pi}{4}\right) = \frac{\boxed{\ \text{ウ}\ }}{\boxed{\ \text{エ}\ }}$$

である。

(3) $0 \leqq \theta < 2\pi$ のとき，方程式 $\sin 2\theta + \sqrt{3}\sin\theta = 0$ を解くと

$$\theta = 0, \ \frac{\boxed{\ \text{オ}\ }}{\boxed{\ \text{カ}\ }}\pi, \ \pi, \ \frac{\boxed{\ \text{キ}\ }}{\boxed{\ \text{ク}\ }}\pi$$

である。ただし，$\dfrac{\boxed{\ \text{オ}\ }}{\boxed{\ \text{カ}\ }} < \dfrac{\boxed{\ \text{キ}\ }}{\boxed{\ \text{ク}\ }}$ とする。

解 答

(1) $\dfrac{\pi}{2} < \theta < \pi$ より，$\cos\theta < 0$

$$\cos\theta = -\sqrt{1 - \sin^2\theta}$$
$$= -\sqrt{1 - \left(\frac{\sqrt{3}}{3}\right)^2}$$
$$= -\sqrt{\frac{2}{3}}$$
$$= -\frac{\sqrt{6}}{3}$$

— 138 —

したがって，選択肢の⑦

このとき，

$$\tan\theta = \frac{\sin\theta}{\cos\theta} = \frac{\sqrt{3}}{3} \div \left(-\frac{\sqrt{6}}{3}\right) = -\frac{\sqrt{2}}{2}$$

したがって，選択肢の⑤

答（**ア**）⑦ （**イ**）⑤

(2) 加法定理より，

$$\sin\left(\theta + \frac{\pi}{4}\right) + \cos\left(\theta + \frac{\pi}{4}\right) = \sin\theta\cos\frac{\pi}{4} + \cos\theta\sin\frac{\pi}{4} + \cos\theta\cos\frac{\pi}{4} - \sin\theta\sin\frac{\pi}{4}$$

$$= \frac{\sqrt{2}}{2}\sin\theta + \frac{\sqrt{2}}{2}\cos\theta + \frac{\sqrt{2}}{2}\cos\theta - \frac{\sqrt{2}}{2}\sin\theta$$

$$= \sqrt{2}\,\cos\theta$$

$$= \sqrt{2}\cdot\frac{\sqrt{2}}{6}$$

$$= \frac{1}{3}$$

【参考】加法定理

$$\sin(\alpha \pm \beta) = \sin\alpha\cos\beta \pm \cos\alpha\sin\beta$$
$$\cos(\alpha \pm \beta) = \cos\alpha\cos\beta \mp \sin\alpha\sin\beta$$
$$\tan(\alpha \pm \beta) = \frac{\tan\alpha \pm \tan\beta}{1 \mp \tan\alpha\tan\beta}$$

答（**ウ**）**1** （**エ**）**3**

(3) 2倍角の公式より，$\sin2\theta = 2\sin\theta\cos\theta$ だから，

$$\sin2\theta + \sqrt{3}\,\sin\theta = 0$$
$$2\sin\theta\cos\theta + \sqrt{3}\,\sin\theta = 0$$
$$\sin\theta(2\cos\theta + \sqrt{3}) = 0$$

したがって，

$$\sin\theta = 0 \quad または \quad \cos\theta = -\frac{\sqrt{3}}{2}$$

$0 \leqq \theta < 2\pi$ のとき，

$$\sin\theta = 0 \quad より \quad \theta = 0,\ \pi$$
$$\cos\theta = -\frac{\sqrt{3}}{2} \quad より \quad \theta = \frac{5}{6}\pi,\ \frac{7}{6}\pi$$

以上より，方程式の解は $\theta = 0,\ \dfrac{5}{6}\pi,\ \pi,\ \dfrac{7}{6}\pi$

答（**オ**）**5** （**カ**）**6** （**キ**）**7** （**ク**）**6**

【参考】2倍角の公式

$$\sin2\theta = 2\sin\theta\cos\theta$$
$$\cos2\theta = \cos^2\theta - \sin^2\theta$$
$$= 1 - 2\sin^2\theta$$
$$= 2\cos^2\theta - 1$$
$$\tan2\theta = \frac{2\tan\theta}{1 - \tan^2\theta}$$

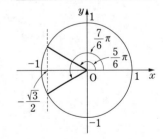

6 次の各問いに答えなさい。

(1) $\left(\dfrac{9}{16}\right)^{-\frac{1}{2}} = \dfrac{\boxed{ア}}{\boxed{イ}}$

である。

(2) $\log_6 4 + 2\log_6 3 = \boxed{ウ}$

である。

(3) 不等式 $\log_3 x + \log_3(2x-1) < 0$ を解くと

$$\dfrac{\boxed{エ}}{\boxed{オ}} < x < \boxed{カ}$$

である。

解 答

(1)
$$\left(\dfrac{9}{16}\right)^{-\frac{1}{2}} = \left\{\left(\dfrac{3}{4}\right)^2\right\}^{-\frac{1}{2}}$$
$$= \left(\dfrac{3}{4}\right)^{-1}$$
$$= \dfrac{1}{\dfrac{3}{4}}$$
$$= \dfrac{4}{3}$$

答 （ア）**4** （イ）**3**

(2)
$$\log_6 4 + 2\log_6 3 = \log_6 4 + \log_6 3^2$$
$$= \log_6(4 \times 3^2)$$
$$= \log_6 36$$
$$= \log_6 6^2$$
$$= \mathbf{2}$$

答 （ウ）**2**

(3) 真数条件より，$x>0$ かつ $2x-1>0$

すなわち $x>\dfrac{1}{2}$ ……①

このとき，
$$\log_3 x + \log_3(2x-1) < 0$$
$$\log_3 x(2x-1) < \log_3 1$$

底 3 は 1 より大きいから，
$$x(2x-1) < 1$$
$$2x^2 - x - 1 < 0$$
$$(2x+1)(x-1) < 0$$

よって， $-\dfrac{1}{2} < x < 1$ ……②

---

①と②の共通範囲を求めると，

$$\frac{1}{2}<x<1$$

答 **（エ）1　（オ）2　（カ）1**

---

7 次の各問いに答えなさい。

(1) 関数 $y=-x^3+2x^2-x+6$　……① について

(i) 関数①のグラフ上の点 $\mathrm{P}(-1,\ 10)$ における接線の方程式は

$$y=\boxed{\ \textbf{ア}\ \textbf{イ}\ }x+\boxed{\ \textbf{ウ}\ }$$

である。

(ii) 関数①の極大値は

$$\boxed{\ \textbf{エ}\ }$$

である。

(2) 放物線 $y=2x^2+8x+6$ と直線 $x=-4$，x軸，y軸で囲まれた3つの部分の面積の和は

$$\boxed{\ \textbf{オ}\ }$$

である。

解　答

(1) $f(x)=-x^3+2x^2-x+6$　……① とおく。

(i) $f'(x)=-3x^2+4x-1=-(x-1)(3x-1)$

より，

$$f'(-1)=-3\cdot(-1)^2+4\cdot(-1)-1=-8$$

よって，点Pにおける関数①の接線は，傾きが-8で，
点$\mathrm{P}(-1,\ 10)$ を通る直線なので，

$$y-10=-8\{x-(-1)\}$$

すなわち　$y=\boldsymbol{-8x+2}$

答 **（ア）-　（イ）8　（ウ）2**

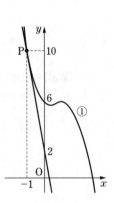

(ii) $f'(x)=0$ となるのは，(i)より $x=\dfrac{1}{3}$, 1 のときで

あり，$f(x)$の増減表は右のようになる。

よって，$x=1$ のとき極大値をとり，その値は，

$$f(1)=-1^3+2\cdot1^2-1+6=\boldsymbol{6}$$

答 **（エ）6**

x	$\cdots$	$\dfrac{1}{3}$	$\cdots$	1	$\cdots$
$f'(x)$	$-$	0	$+$	0	$-$
$f(x)$	↘	極小	↗	極大	↘

(2) $2x^2+8x+6=0$ を解くと，

$$2(x+1)(x+3)=0 \quad より \quad x=-1, \ -3$$

また，

$$y=2x^2+8x+6$$
$$=2(x+2)^2-2$$

より，放物線の頂点は，点$(-2, \ -2)$

よって，求める3つの部分は，右図の斜線部分である。

その面積の和Sは，

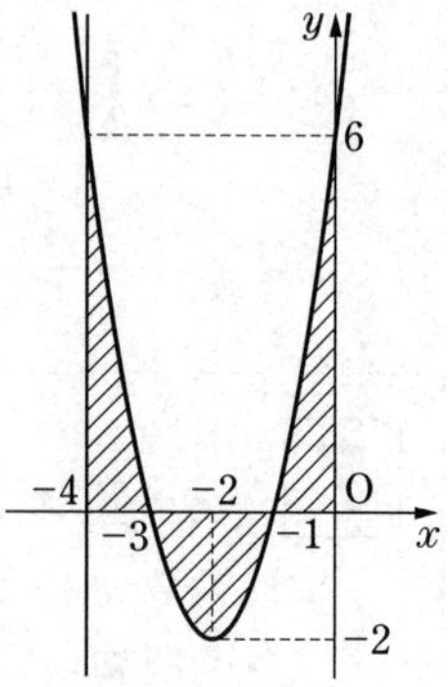

$$S=\int_{-4}^{-3}(2x^2+8x+6)\,dx+\int_{-3}^{-1}(-2x^2-8x-6)\,dx$$

$$+\int_{-1}^{0}(2x^2+8x+6)\,dx$$

$$=\left[\frac{2}{3}x^3+4x^2+6x\right]_{-4}^{-3}+\left[-\frac{2}{3}x^3-4x^2-6x\right]_{-3}^{-1}+\left[\frac{2}{3}x^3+4x^2+6x\right]_{-1}^{0}$$

$$=(-18+36-18)-\left(-\frac{128}{3}+64-24\right)+\left(\frac{2}{3}-4+6\right)-(18-36+18)+0-\left(-\frac{2}{3}+4-6\right)$$

$$=0+\frac{128}{3}-40+\frac{2}{3}+2-0+0+\frac{2}{3}+2$$

$$=\frac{132}{3}-36$$

$$=44-36$$

$$=\mathbf{8}$$

答（オ）8

【別解】 求める3つの部分は，直線 $x=-2$ に関して対称だから，面積の和Sは
次のように求めることもできる。

$$S=2\left\{\int_{-2}^{-1}(-2x^2-8x-6)\,dx+\int_{-1}^{0}(2x^2+8x+6)\,dx\right\}$$

$$=2\left\{\left[-\frac{2}{3}x^3-4x^2-6x\right]_{-2}^{-1}+\left[\frac{2}{3}x^3+4x^2+6x\right]_{-1}^{0}\right\}$$

$$=2\left\{\left(\frac{2}{3}-4+6\right)-\left(\frac{16}{3}-16+12\right)+0-\left(-\frac{2}{3}+4-6\right)\right\}$$

$$=2\left(\frac{2}{3}+2-\frac{16}{3}+4+0+\frac{2}{3}+2\right)$$

$$=2\left(-\frac{12}{3}+8\right)$$

$$=2(-4+8)$$

$$=\mathbf{8}$$

8 次の各問いに答えなさい。

(1) 第8項が2，第20項が50である等差数列 $\{a_n\}$ について，一般項は

$$a_n = \boxed{\text{ア}}\, n - \boxed{\text{イ}}\,\boxed{\text{ウ}}$$

であり，

$$\sum_{k=1}^{n} a_k = \boxed{\text{エ}}\, n(n - \boxed{\text{オ}}\,\boxed{\text{カ}})$$

である。

(2) 数列 $\{b_n\}$ が

$$b_1 = -4, \quad b_{n+1} = 3b_n + 14 \quad (n = 1,\ 2,\ 3,\ \cdots\cdots)$$

で定められるとき，一般項は

$$b_n = \boxed{\text{キ}}^{\,n} - \boxed{\text{ク}}$$

である。

解 答

(1) 等差数列 $\{a_n\}$ の初項を a，公差を d とすると，

一般項は $a_n = a + (n-1)d$ となるので，

$$a_8 = a + 7d = 2 \qquad \cdots\cdots ①$$
$$a_{20} = a + 19d = 50 \qquad \cdots\cdots ②$$

②−① より $12d = 48$ なので $d = 4$

①に代入すると，$a + 28 = 2$ より $a = -26$

よって，求める一般項は

$$a_n = -26 + 4(n-1) = \mathbf{4n - 30}$$

このとき，

$$\begin{aligned}
\sum_{k=1}^{n} a_k &= \sum_{k=1}^{n} (4k - 30) \\
&= 4 \cdot \frac{1}{2} n(n+1) - 30n \\
&= 2n(n+1) - 30n \\
&= 2n^2 - 28n \\
&= \mathbf{2n(n - 14)}
\end{aligned}$$

> **【参考】Σ の公式**
>
> $$\sum_{k=1}^{n} c = nc$$
>
> $$\sum_{k=1}^{n} k = \frac{1}{2} n(n+1)$$
>
> $$\sum_{k=1}^{n} k^2 = \frac{1}{6} n(n+1)(2n+1)$$
>
> $$\sum_{k=1}^{n} k^3 = \left\{ \frac{1}{2} n(n+1) \right\}^2$$
>
> $$\qquad\quad = \frac{1}{4} n^2 (n+1)^2$$

答 (ア) 4　(イ) 3　(ウ) 0　(エ) 2　(オ) 1　(カ) 4

(2) 漸化式 $b_{n+1} = 3b_n + 14$ において，α についての方程式 $\alpha = 3\alpha + 14$ を解くと，

$$\alpha = -7$$

よって，与えられた漸化式は，

$$b_{n+1} - (-7) = 3\{b_n - (-7)\}$$

すなわち，

$$b_{n+1} + 7 = 3(b_n + 7)$$

と変形できる。

したがって，数列 $\{b_n+7\}$ は，

公比3，

初項 $b_1+7=-4+7=3$

の等比数列であるから，

$$b_n+7=3\cdot 3^{n-1}$$
$$b_n=3^n-7$$

答 (キ) 3　(ク) 7

数学　9月実施　文系　　正解と配点　(70分，100点満点)

問題番号		設問	正解	配点
1	(1)	ア	2	4
		イ	3	
		ウ	2	
	(2)	エ	④	4
	(3)	オ	2	4
		カ	4	
	(4)	キ	3	4
		ク	7	
		ケ	8	
	(5)	コ	7	4
	(6)	サ	6	4
		シ	7	
2	(1)	ア	④	3
	(2)	イ	6	2
		ウ	－	2
		エ	3	
	(3)	オ	7	4
3	(1)	ア	3	3
		イ	2	
	(2)	ウ	5	4
		エ	1	
		オ	6	
	(3)	カ	7	4
		キ	1	
		ク	6	
4	(1)	ア	0	4
		イ	－	
		ウ	6	
	(2)	エ	3	4
		オ	1	
		カ	8	
	(3)	キ	1	3
		ク	0	

問題番号		設問	正解	配点
5	(1)	ア	⑦	2
		イ	⑤	2
	(2)	ウ	1	3
		エ	3	
	(3)	オ	5	4
		カ	6	
		キ	7	
		ク	6	
6	(1)	ア	4	3
		イ	3	
	(2)	ウ	2	3
	(3)	エ	1	4
		オ	2	
		カ	1	
7	(1)	ア	－	3
		イ	8	
		ウ	2	
		エ	6	4
	(2)	オ	8	4
8	(1)	ア	4	3
		イ	3	
		ウ	0	
		エ	2	4
		オ	1	
		カ	4	
	(2)	キ	3	4
		ク	7	

1 次の各問いに答えなさい。

(1) 2次関数 $y=-2x^2-12x+5$ のグラフを x 軸方向に 5，y 軸方向に -8 だけ平行移動したグラフを表す式は

$$y=-2x^2+\boxed{\text{ア}}\,x+\boxed{\text{イ}}$$

である。

(2) △ABC において，AB$=4$，$\angle$BAC$=\dfrac{2}{3}\pi$，$\angle$ACB$=\dfrac{\pi}{4}$ であるとき

$$\text{BC}=\boxed{\text{ウ}}\sqrt{\boxed{\text{エ}}}$$

である。

(3) $\dfrac{a+13i}{1+bi}=3-2i$ であるとき

$$a=\boxed{\text{オ}\,\text{カ}}\,,\ b=\boxed{\text{キ}}$$

である。ただし，a，b は実数，i は虚数単位とする。

(4) 2次方程式 $3x^2-6x+5=0$ の2つの解を α，β とするとき

$$\alpha^3+\beta^3=\boxed{\text{ク}\,\text{ケ}}$$

である。

(5) 円 $x^2+y^2=10$ と直線 $y=-2x+k$ が接するとき

$$k=\pm\boxed{\text{コ}}\sqrt{\boxed{\text{サ}}}$$

である。

(6) 方程式 $\sin2\theta=\cos\theta$ の解は，$0\leqq\theta<2\pi$ の範囲に全部で

$$\boxed{\text{シ}}\ \text{個}$$

ある。

(7) 楕円 $\dfrac{x^2}{a^2}+\dfrac{y^2}{b^2}=1$ $(a>0,\ b>0)$ の焦点の座標が $(2,\ 0)$，$(-2,\ 0)$，長軸の長さが6であるとき

$$a^2=\boxed{\text{ス}}\,,\ b^2=\boxed{\text{セ}}$$

である。

(8) 原点 O を極，x 軸の正の部分を始線とする極座標において，$\left(2,\ -\dfrac{\pi}{3}\right)$ で表される点の直交座標は $\boxed{\text{ソ}}$ である。$\boxed{\text{ソ}}$ に最も適するものを下の選択肢から選び，番号で答えなさい。

〈選択肢〉

① $(\sqrt{3},\ -1)$　　② $(1,\ -\sqrt{3})$　　③ $(-\sqrt{3},\ 1)$　　④ $(-1,\ \sqrt{3})$

⑤ $\left(\dfrac{\sqrt{3}}{2},\ -\dfrac{1}{2}\right)$　　⑥ $\left(\dfrac{1}{2},\ -\dfrac{\sqrt{3}}{2}\right)$　　⑦ $\left(-\dfrac{\sqrt{3}}{2},\ \dfrac{1}{2}\right)$　　⑧ $\left(-\dfrac{1}{2},\ \dfrac{\sqrt{3}}{2}\right)$

解 答

(1)
$$y = -2x^2 - 12x + 5$$
$$= -2(x^2 + 6x) + 5$$
$$= -2\{(x+3)^2 - 9\} + 5$$
$$= -2(x+3)^2 + 23$$

よって，放物線のグラフの頂点は 点$(-3,\ 23)$

頂点を x 軸方向に 5，y 軸方向に -8 だけ平行移動すると

$$x\text{座標}：-3+5=2 \qquad y\text{座標}：23-8=15$$

すなわち，頂点が 点$(2,\ 15)$ となるので，移動後の放物線を表す式は

$$y = -2(x-2)^2 + 15$$
$$= -2x^2 + 8x + 7$$

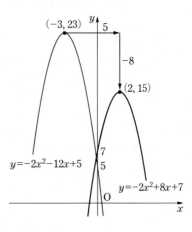

答 （ア）**8** （イ）**7**

【別解】 右の平行移動の公式を用いて，移動後の式は

$$y - (-8) = -2(x-5)^2 - 12(x-5) + 5$$
$$y + 8 = -2x^2 + 20x - 50 - 12x + 60 + 5$$
$$y = -2x^2 + 8x + 7$$

> 【参考】グラフの平行移動
>
> 関数 $y = f(x)$ を x 軸方向へ p，y 軸方向へ q だけ平行移動したグラフの式は
> $$y - q = f(x - p)$$

(2) △ABC において，正弦定理より

$$\frac{BC}{\sin A} = \frac{AB}{\sin C}$$

$$BC \times \sin C = AB \times \sin A$$

したがって，

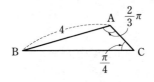

$$BC \times \sin \frac{\pi}{4} = 4 \times \sin \frac{2}{3}\pi$$

$$BC \times \frac{1}{\sqrt{2}} = 4 \times \frac{\sqrt{3}}{2}$$

$$BC = 2\sqrt{6}$$

答 （ウ）**2** （エ）**6**

> 【参考】正弦定理
>
> △ABC の外接円の半径を R とすると，
> $$\frac{BC}{\sin A} = \frac{CA}{\sin B} = \frac{AB}{\sin C} = 2R$$

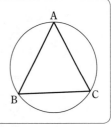

(3) 与式より，

$$a + 13i = (3 - 2i)(1 + bi)$$
$$a + 13i = 3 + 3bi - 2i + 2b$$
$$a + 13i = (2b + 3) + (3b - 2)i$$

$a,\ b$ は実数であるから，両辺を比較して

$$a = 2b + 3, \quad 13 = 3b - 2$$

これを解いて， $a = \mathbf{13},\ b = \mathbf{5}$

> 【参考】複素数の相等
>
> $a,\ b,\ c,\ d$ が実数のとき
> $$a + bi = c + di \iff a = c,\ b = d$$

答 （オ）**1** （カ）**3** （キ）**5**

(4) 2次方程式の解と係数の関係より

$$\alpha+\beta=-\frac{-6}{3}=2, \quad \alpha\beta=\frac{5}{3}$$

$$\alpha^3+\beta^3=(\alpha+\beta)^3-3\alpha\beta(\alpha+\beta)$$

$$=2^3-3\times\frac{5}{3}\times2=-2$$

答（**ク**）**－**　（**ケ**）**2**

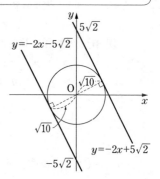

【参考】2次方程式の解と係数の関係

2次方程式 $ax^2+bx+c=0$ の2つの解を α, β とすると

$$\alpha+\beta=-\frac{b}{a}, \quad \alpha\beta=\frac{c}{a}$$

(5) 円 $x^2+y^2=10$ は中心が原点 $(0, 0)$ で、半径が$\sqrt{10}$なので、円の中心と直線 $y=-2x+k$，すなわち $2x+y-k=0$ の距離dは、

$$d=\frac{|2\cdot0+1\cdot0-k|}{\sqrt{2^2+1^2}}=\frac{|k|}{\sqrt{5}}$$

円と直線が接するとき，$d=\sqrt{10}$ であるから

$$\frac{|k|}{\sqrt{5}}=\sqrt{10}$$

$$|k|=5\sqrt{2}$$

$$k=\pm5\sqrt{2}$$

答（**コ**）**5**　（**サ**）**2**

【参考】点と直線の距離

点(p, q)と直線 $ax+by+c=0$ の距離 d は

$$d=\frac{|ap+bq+c|}{\sqrt{a^2+b^2}}$$

(6) 2倍角の公式から　　$\sin2\theta=2\sin\theta\cos\theta$

与式より，　$2\sin\theta\cos\theta=\cos\theta$

$$2\sin\theta\cos\theta-\cos\theta=0$$

$$\cos\theta(2\sin\theta-1)=0$$

したがって，　$\cos\theta=0$, $2\sin\theta-1=0$

$0\leqq\theta<2\pi$ の範囲でこれらを満たす θ は，

$\cos\theta=0$ より　$\theta=\dfrac{\pi}{2}$, $\dfrac{3}{2}\pi$

$2\sin\theta-1=0$　すなわち　$\sin\theta=\dfrac{1}{2}$ より　$\theta=\dfrac{\pi}{6}$, $\dfrac{5}{6}\pi$

よって，　$\theta=\dfrac{\pi}{6}$, $\dfrac{\pi}{2}$, $\dfrac{5}{6}\pi$, $\dfrac{3}{2}\pi$ の**4**個

答（**シ**）**4**

【参考】2倍角の公式

$$\sin2\theta=2\sin\theta\cos\theta$$

$$\cos2\theta=\cos^2\theta-\sin^2\theta$$

$$=1-2\sin^2\theta=2\cos^2\theta-1$$

$$\tan2\theta=\frac{2\tan\theta}{1-\tan^2\theta}$$

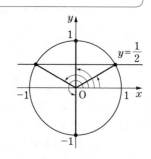

(7) 楕円 $\dfrac{x^2}{a^2}+\dfrac{y^2}{b^2}=1$ において，$a>b>0$ のとき

焦点が2点 $(\sqrt{a^2-b^2},\ 0)$，$(-\sqrt{a^2-b^2},\ 0)$ となる。

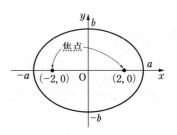

したがって，
$$\sqrt{a^2-b^2}=2 \quad \text{すなわち} \quad a^2-b^2=4 \quad \cdots\cdots ①$$

また，長軸の長さが6なので，

$$2a=6$$
$$a=3$$
$$a^2=9$$

したがって①より，　$9-b^2=4$
$$b^2=5$$

よって，　$a^2=\mathbf{9}$，$b^2=\mathbf{5}$

答 （ス）9　（セ）5

> **【参考】楕円の性質**
>
> 楕円 $\dfrac{x^2}{a^2}+\dfrac{y^2}{b^2}=1$ $(a>b>0)$ について
>
> 焦点：$(\sqrt{a^2-b^2},\ 0)$，$(-\sqrt{a^2-b^2},\ 0)$
>
> 長軸の長さ：$2a$　　短軸の長さ：$2b$

(8) 極座標が $\left(2,\ -\dfrac{\pi}{3}\right)$ で表される点の直交座標を $(x,\ y)$ とすると，

$$x=2\cos\left(-\dfrac{\pi}{3}\right),\ y=2\sin\left(-\dfrac{\pi}{3}\right)$$

すなわち，

$$x=2\times\dfrac{1}{2}=1,\ y=2\times\left(-\dfrac{\sqrt{3}}{2}\right)=-\sqrt{3}$$

よって，直交座標は $(1,\ -\sqrt{3})$ なので，

選択肢の②

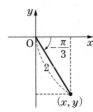

> **【参考】極座標と直交座標**
> 直交座標を $(x,\ y)$，
> 極座標を $(r,\ \theta)$ とすると
> $x=r\cos\theta,\ y=r\sin\theta$

答 （ソ）②

2

次の各問いに答えなさい。

(1) 右の図は，あるクラス25人の数学の実力テストの結果から作成したヒストグラムである。ただし，各階級の区間は左側の数値を含み、右側の数値を含まない。このヒストグラムに対応する箱ひげ図は ア である。 ア に最も適するものを下の選択肢から選び，番号で答えなさい。

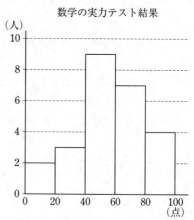

数学の実力テスト結果

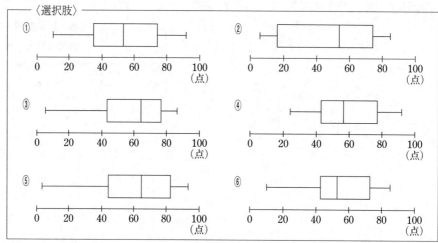

〈選択肢〉

(2) 72の正の約数の総和は イ ウ エ である。

(3) 等式 $2xy+2x-3y-15=0$ を満たす整数 x, y の組は，全部で オ 組ある。

解 答

(1) ヒストグラムから，

　　　　　　・最小値は0点以上20点未満

　　　　　　・最大値は80点以上100点未満

　　　人数が25人なので，

　　　　　　・中央値は，低い方から13番目なので，
　　　　　　　40点以上60点未満。

　　　　　　・第1四分位数は，低い方から6番目と7番目の平均値だから，40点以上60点未満。

　　　　　　・第3四分位数は，低い方から19番目と20番目の平均値だから，60点以上80点未満。

　　　したがって，これらをすべて満たす箱ひげ図は，選択肢の⑥である。

　　　　　　　　　　　　　　　　　　答（**ア**）**⑥**

【参考】四分位数

　データを値の大きさの順に並べたとき，4等分する位置にくる3つの値を，小さい方から順に，第1四分位数，第2四分位数（中央値），第3四分位数という。

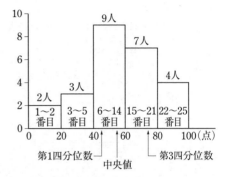

(2) 72を素因数分解すると　$72 = 2^3 \times 3^2$

　　　よって，正の約数の総和は

$$(1 + 2^1 + 2^2 + 2^3)(1 + 3^1 + 3^2) - 15 \times 13$$
$$= \mathbf{195}$$

　　　　　　　　　　答（**イ**）**1**　（**ウ**）**9**　（**エ**）**5**

【参考】自然数の正の約数の総和

　自然数 N の素因数分解が $N = p^a q^b \cdots$ となるとき，N の正の約数の総和は

$$(1 + p^1 + p^2 + \cdots + p^a)(1 + q^1 + q^2 + \cdots + q^b)\cdots$$

(3) $2xy + 2x - 3y - 15 = 0$ より　$(2x-3)(y+1) + 3 - 15 = 0$

　　　　　　　　　　　　　　　　　　$(2x-3)(y+1) = 12$

　　　$2x-3$ と $y+1$ の積が12になる整数の組を考えると

$2x-3$	1	12	2	6	3	4	−1	−12	−2	−6	−3	−4
$y+1$	12	1	6	2	4	3	−12	−1	−6	−2	−4	−3

　　　このうち，x, y がともに整数となる組は

x	2	3	1	0
y	11	3	−13	−5

の4組である。

　　　　　　　　　　　　　　　　　　　　　　　　　　　　答（**オ**）**4**

【別解】 $2x-3$ が奇数であるから，$2x-3$ と $y+1$ の積が12になる整数の組を考えると

$2x-3$	1	3	−1	−3
$y+1$	12	4	−12	−4

　　　このうち，x, y がともに整数となる組は

x	2	3	1	0
y	11	3	−13	−5

の4組である。

3 A，Bの2人が次のようにして，トランプのカードを無作為に引く。Aはハートの1, 2, 3の3枚のカードから1枚を引く。Bはダイヤの1, 2, 3, 4, 5の5枚のカードから，Aの取り出したカードに書かれた数の枚数だけカードを一度に引く。このとき，次の問いに答えなさい。

(1) Bのカードの取り出し方は全部で

$$\boxed{ア}\boxed{イ} \text{ 通り}$$

ある。

(2) Bが取り出したカードの数の和が5以上になる確率は

$$\frac{\boxed{ウ}}{\boxed{エ}}$$

である。ただし，1枚だけ取り出したときも，その数を和と考える。

(3) Bが取り出したカードの数の和が5以上であるとき，Aがハートの2のカードを取り出していた条件付き確率は

$$\frac{\boxed{オ}}{\boxed{カ}}$$

である。

解 答

(1) Bは5枚のカードから1枚または2枚または3枚のカードを引くから，取り出し方は全部で

$$_5C_1 + {}_5C_2 + {}_5C_3 = 5 + 10 + 10$$
$$= \mathbf{25} \text{ （通り）}$$

答 （ア）2 （イ）5

> **【参考】組合せの総数**
> 異なる n 個のものから r 個のものを取り出して作る組合せの総数は，
> $$_nC_r = \frac{_nP_r}{r!} = \frac{n(n-1)\cdots\cdots(n-r+1)}{r(r-1)\cdots\cdots 3\cdot 2\cdot 1}$$

(2) Bが取り出したカードの和が5以上になる確率は，

① Aが1のカードを引き，Bが5のカードを引く。

② Aが2のカードを引き，Bが5枚の中から和が5以上となる2枚のカードを引く。すなわち，($\boxed{1}$, $\boxed{4}$), ($\boxed{1}$, $\boxed{5}$), ($\boxed{2}$, $\boxed{3}$), ($\boxed{2}$, $\boxed{4}$), ($\boxed{2}$, $\boxed{5}$), ($\boxed{3}$, $\boxed{4}$), ($\boxed{3}$, $\boxed{5}$), ($\boxed{4}$, $\boxed{5}$)のカードを引く。

③ Aが3のカードを引く。

のいずれかなので

$$\frac{1}{3} \times \frac{1}{5} + \frac{1}{3} \times \frac{8}{10} + \frac{1}{3} = \frac{2}{3}$$

答 （ウ）2 （エ）3

【別解】 上記②の余事象を考えると，Bが5枚のカードから2枚引くとき，和が4以下であるのは($\boxed{1}$, $\boxed{2}$), ($\boxed{1}$, $\boxed{3}$)のカードを引くときなので，和が5以上になる②の場合の確率は

$$\frac{1}{3} \times \left(1 - \frac{2}{10}\right) = \frac{1}{3} \times \frac{4}{5}$$

> **【参考】余事象の確率**
> 事象 A に対して，「A が起こらない」という事象を余事象といい $\overline{A}$ で表し，その確率は，
> $$P(\overline{A}) = 1 - P(A)$$

したがって，求める確率は

$$\frac{1}{3} \times \frac{1}{5} + \frac{1}{3} \times \frac{4}{5} + \frac{1}{3} = \frac{2}{3}$$

(3) 「B が取り出したカードの数の和が5以上である」事象を E，「A がハートの2のカードを取り出す」事象を F とすると，(2)より

$$P(E) = \frac{2}{3}, \quad P(E \cap F) = \frac{1}{3} \times \frac{8}{10} = \frac{4}{15}$$

よって，求める条件付き確率 $P_E(F)$ は

$$P_E(F) = \frac{P(E \cap F)}{P(E)} = \frac{\dfrac{4}{15}}{\dfrac{2}{3}} = \frac{2}{5}$$

答（オ）**2**　（カ）**5**

【参考】条件付き確率

全事象 U において，事象 E が起こったときに事象 F が起こる確率を，E が起こったときの F が起こる条件付き確率といい，$P_E(F)$ と表す。その確率は

$$P_E(F) = \frac{P(E \cap F)}{P(E)}$$

である。

---

4 次の各問いに答えなさい。

(1) 3次関数 $y = 2x^3 + 9x^2 + 12x - 2$ について

　　極大値は　ア　イ

　　極小値は　ウ　エ

　である。

(2) 2曲線 $y = x^2 + 4x - 1$，$y = -2x^2 + x + 5$ で囲まれた部分のうち，y 軸より左側にある部分の面積を S_1，y 軸より右側にある部分の面積を S_2 とする。このとき

$$\frac{S_2}{S_1} = \frac{\text{オ}}{\text{カ}\ \text{キ}}$$

　である。

解　答

(1) $y = 2x^3 + 9x^2 + 12x - 2$ を x で微分すると

　　　$y' = 6x^2 + 18x + 12$

　$y' = 0$ とすると

　　　$6x^2 + 18x + 12 = 0$

　　　$x^2 + 3x + 2 = 0$

　　　$(x + 1)(x + 2) = 0$

より，$x = -2, \ -1$

　よって，右の増減表より，$x = -2, \ -1$ で極値をとると分かる。

x	$\cdots$	-2	$\cdots$	-1	$\cdots$
y'	$+$	0	$-$	0	$+$
y	$\nearrow$	極大	$\searrow$	極小	$\nearrow$

$x = -2$ のとき

$$y = 2 \times (-2)^3 + 9 \times (-2)^2 + 12 \times (-2) - 2$$
$$= -16 + 36 - 24 - 2$$
$$= -6$$

$x = -1$ のとき

$$y = 2 \times (-1)^3 + 9 \times (-1)^2 + 12 \times (-1) - 2$$
$$= -2 + 9 - 12 - 2$$
$$= -7$$

したがって，極大値は -6，極小値は -7

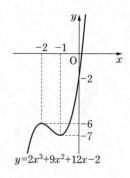

$y = 2x^3 + 9x^2 + 12x - 2$

答（ア）$-$　（イ）$\mathbf{6}$　（ウ）$-$　（エ）$\mathbf{7}$

(2) 2曲線　$y = x^2 + 4x - 1$　……①

$\qquad\qquad y = -2x^2 + x + 5$　……②

の交点の x 座標は

$$x^2 + 4x - 1 = -2x^2 + x + 5$$

を解くと，

$$3x^2 + 3x - 6 = 0$$
$$x^2 + x - 2 = 0$$
$$(x+2)(x-1) = 0$$

より，$x = -2,\ 1$

2曲線は右の図のようになるので，

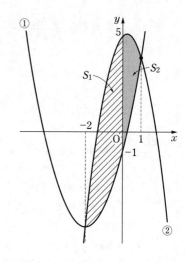

$$S_1 = \int_{-2}^{0} \{(-2x^2 + x + 5) - (x^2 + 4x - 1)\}\,dx$$

$$= \int_{-2}^{0} (-3x^2 - 3x + 6)\,dx$$

$$= \left[-x^3 - \frac{3}{2}x^2 + 6x \right]_{-2}^{0}$$

$$= 0 - (8 - 6 - 12) = 10$$

$$S_2 = \int_{0}^{1} \{(-2x^2 + x + 5) - (x^2 + 4x - 1)\}\,dx$$

$$= \int_{0}^{1} (-3x^2 - 3x + 6)\,dx$$

$$= \left[-x^3 - \frac{3}{2}x^2 + 6x \right]_{0}^{1}$$

$$= -1 - \frac{3}{2} + 6 = \frac{7}{2}$$

よって，$\dfrac{S_2}{S_1} = \dfrac{\frac{7}{2}}{10} = \dfrac{\mathbf{7}}{\mathbf{20}}$

答（オ）$\mathbf{7}$　（カ）$\mathbf{2}$　（キ）$\mathbf{0}$

$\boxed{5}$ 次の各問いに答えなさい。

(1) $8^{-\frac{2}{9}} \div \sqrt[3]{16} = \dfrac{\boxed{\text{ア}}}{\boxed{\text{イ}}}$

である。

(2) 方程式 $\log_3(x-1) + \log_3(x-7) = 3$ の解は

$$x = \boxed{\text{ウ}}\,\boxed{\text{エ}}$$

である。

(3) 関数 $y = \cos 2x - 2\cos x + 3 \quad (0 \leqq x \leqq \pi)$ は

$$x = \boxed{\text{オ}} \quad \text{で, 最小値} \quad \dfrac{\boxed{\text{カ}}}{\boxed{\text{キ}}}$$

をとる。

$\boxed{\text{オ}}$ には最も適するものを下の選択肢から選び，番号で答えなさい。

――〈選択肢〉――――――――――――――――――――――――――――――――

① 0　　② $\dfrac{\pi}{6}$　　③ $\dfrac{\pi}{4}$　　④ $\dfrac{\pi}{3}$　　⑤ $\dfrac{\pi}{2}$

⑥ $\dfrac{2}{3}\pi$　　⑦ $\dfrac{3}{4}\pi$　　⑧ $\dfrac{5}{6}\pi$　　⑨ π

――――――――――――――――――――――――――――――――――――

$\boxed{\text{解 答}}$

(1) $8^{-\frac{2}{9}} \div \sqrt[3]{16} = (2^3)^{-\frac{2}{9}} \div (2^4)^{\frac{1}{3}}$

$\qquad\qquad\qquad = 2^{-\frac{2}{3}} \div 2^{\frac{4}{3}}$

$\qquad\qquad\qquad = 2^{-\frac{2}{3} - \frac{4}{3}}$

$\qquad\qquad\qquad = 2^{-2} = \dfrac{1}{2^2} = \dfrac{1}{4}$

答 （ア）1　（イ）4

(2) 真数条件より，$x-1 > 0$ かつ $x-7 > 0$

すなわち $x > 7$ ……①

このとき，

$\qquad \log_3(x-1) + \log_3(x-7) = 3$

$\qquad \log_3(x-1)(x-7) = \log_3 3^3$

$\qquad (x-1)(x-7) = 27$

$\qquad x^2 - 8x - 20 = 0$

$\qquad (x+2)(x-10) = 0$

①より $x = 10$

答 （ウ）1　（エ）0

【参考】真数条件

　対数における真数は正でなければならない。すなわち，対数 $\log_a x$ は $x > 0$ でなければならない。

【参考】対数の性質

和：$\log_a x + \log_a y = \log_a xy$

差：$\log_a x - \log_a y = \log_a \dfrac{x}{y}$

定数倍：$k \log_a x = \log_a x^k$

(3) 2倍角の公式より $\cos2x=2\cos^2x-1$

$$y=\cos2x-2\cos x+3$$
$$=2\cos^2x-1-2\cos x+3$$
$$=2\cos^2x-2\cos x+2$$

$\cos x=t$ とすると，$0\leqq x\leqq\pi$ より $-1\leqq t\leqq1$ ……①

y を t で表すと

$$y=2t^2-2t+2$$
$$=2(t^2-t)+2$$
$$=2\left(t-\frac{1}{2}\right)^2-\frac{1}{2}+2$$
$$=2\left(t-\frac{1}{2}\right)^2+\frac{3}{2}$$

①の範囲で，y は $t=\dfrac{1}{2}$ のとき最小値 $\dfrac{3}{2}$ をとる。

$0\leqq x\leqq\pi$ のとき，$t=\dfrac{1}{2}$ すなわち $\cos x=\dfrac{1}{2}$ より，$x=\dfrac{\pi}{3}$

したがって，$x=\dfrac{\pi}{3}$（選択肢の④）のとき最小値 $\dfrac{3}{2}$ をとる。

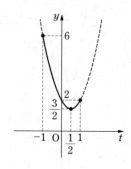

【参考】2倍角の公式

$$\sin2\theta=2\sin\theta\cos\theta$$
$$\cos2\theta=\cos^2\theta-\sin^2\theta$$
$$=1-2\sin^2\theta=2\cos^2\theta-1$$
$$\tan2\theta=\frac{2\tan\theta}{1-\tan^2\theta}$$

答 (オ) ④ (カ) 3 (キ) 2

6

右の図の台形 ABCD において，AD//BC，
BC＝2AD である。辺 DC を 2：1 に内分する点を E
とし，$\overrightarrow{AB}=\vec{b}$，$\overrightarrow{AD}=\vec{d}$ とするとき，次の問いに答
えなさい。

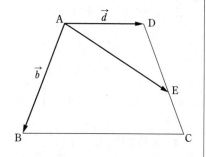

(1) $\overrightarrow{AE}$ を $\vec{b}$ と $\vec{d}$ を用いて表すと

$$\overrightarrow{AE}=\frac{\boxed{\text{ア}}\vec{b}+\boxed{\text{イ}}\vec{d}}{\boxed{\text{ウ}}}$$

である。

(2) AB＝3，AD＝2，$\angle$ABC＝$\dfrac{\pi}{3}$ のとき

$$\vec{b}\cdot\vec{d}=-\boxed{\text{エ}}$$

であり

$$|\overrightarrow{AE}|=\frac{\boxed{\text{オ}}\sqrt{\boxed{\text{カ}\,\text{キ}}}}{\boxed{\text{ク}}}$$

である。

解 答

(1) 点 E は辺 DC を $2:1$ に内分する点であるから

$$\overrightarrow{AE} = \frac{\overrightarrow{AD} + 2\overrightarrow{AC}}{2+1} = \frac{\overrightarrow{AD} + 2\overrightarrow{AC}}{3} \quad \cdots\cdots ①$$

また, AD//BC, BC=2AD より

$$\overrightarrow{AC} = \overrightarrow{AB} + \overrightarrow{BC}$$
$$= \vec{b} + 2\vec{d}$$

したがって, ①より

$$\overrightarrow{AE} = \frac{\vec{d} + 2(\vec{b} + 2\vec{d})}{3} = \frac{2\vec{b} + 5\vec{d}}{3}$$

答 (ア) 2　(イ) 5　(ウ) 3

(2) $|\vec{b}| = |\overrightarrow{AB}| = 3,\ |\vec{d}| = |\overrightarrow{AD}| = 2,$

AD//BC だから, $\angle BAD = \pi - \angle ABC = \pi - \dfrac{\pi}{3} = \dfrac{2}{3}\pi$ より

$$\vec{b}\cdot\vec{d} = |\vec{b}||\vec{d}|\cos\angle BAD$$

$$= 3\cdot2\cos\frac{2}{3}\pi$$

$$= 3\cdot2\cdot\left(-\frac{1}{2}\right) = -3$$

よって, $|\overrightarrow{AE}|^2 = \left|\dfrac{2\vec{b} + 5\vec{d}}{3}\right|^2$

$$= \frac{1}{9}|2\vec{b} + 5\vec{d}|^2$$

$$= \frac{1}{9}(4|\vec{b}|^2 + 20\vec{b}\cdot\vec{d} + 25|\vec{d}|^2)$$

$$= \frac{1}{9}(36 - 60 + 100) = \frac{76}{9}$$

したがって, $|\overrightarrow{AE}| = \sqrt{\dfrac{76}{9}} = \dfrac{2\sqrt{19}}{3}$

答 (エ) 3　(オ) 2　(カ) 1　(キ) 9　(ク) 3

【参考】内分点の位置ベクトル

2点 $A(\vec{a})$, $B(\vec{b})$ を結ぶ線分 AB を $m:n$ に内分する点 P の位置ベクトル $\vec{p}$ は

$$\vec{p} = \frac{n\vec{a} + m\vec{b}}{m+n}$$

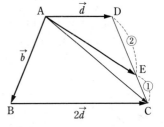

【参考】内積の定義

$\vec{0}$ でない2つのベクトル $\vec{a}$, $\vec{b}$ のなす角を θ とすると
$$\vec{a}\cdot\vec{b} = |\vec{a}||\vec{b}|\cos\theta$$

7 次の各問いに答えなさい。

(1) 第6項が -6, 第18項が2である等差数列において, $\dfrac{76}{3}$ は第 $\boxed{\text{ア}}\boxed{\text{イ}}$ 項の数である。

(2) $a_1 = 2$, $a_{n+1} = 3a_n - 2n$ $(n = 1, 2, 3, \cdots\cdots)$ で定められた数列 $\{a_n\}$ がある。

  (i) $b_n = a_{n+1} - a_n$ とおくとき,

$$b_1 = \boxed{\text{ウ}}, \quad b_{n+1} = \boxed{\text{エ}}\, b_n - \boxed{\text{オ}}$$

   が成り立つ。

  (ii) 数列 $\{a_n\}$ の一般項は

$$a_n = \dfrac{\boxed{\text{カ}}^{\,n-1} + \boxed{\text{キ}}}{\boxed{\text{ク}}} + n$$

   である。

解 答

(1) 等差数列 $\{a_n\}$ の初項を a, 公差を d とすると,
一般項 a_n は
$$a_n = a + (n-1)d$$
条件より,
$$a_6 = a + 5d = -6 \quad \cdots\cdots\text{①}$$
$$a_{18} = a + 17d = 2 \quad \cdots\cdots\text{②}$$
②$-$①より, $12d = 8$, $d = \dfrac{2}{3}$

①に代入して, $a + \dfrac{10}{3} = -6$, $a = -\dfrac{28}{3}$

よって, $a_n = -\dfrac{28}{3} + (n-1) \times \dfrac{2}{3} = \dfrac{2}{3}n - 10$

したがって, 第 n 項が $\dfrac{76}{3}$ のとき

$$\dfrac{2}{3}n - 10 = \dfrac{76}{3} \quad \text{より} \quad n = \mathbf{53}$$

> **【参考】等差数列の一般項**
> 初項 a, 公差 d の等差数列 $\{a_n\}$ の
> 一般項は
> $$a_n = a + (n-1)d$$

答 (ア) 5 (イ) 3

(2) (i) $a_{n+1} = 3a_n - 2n$ $\cdots\cdots\text{①}$
$b_n = a_{n+1} - a_n$ より $b_1 = a_2 - a_1$
①より, $a_2 = 3a_1 - 2 = 3 \cdot 2 - 2 = 4$
したがって, $b_1 = 4 - 2 = \mathbf{2}$
また, ①において, n を $n+1$ におきかえると,
$$a_{n+2} = 3a_{n+1} - 2(n+1) \quad \cdots\cdots\text{②}$$
②$-$①より, $a_{n+2} - a_{n+1} = 3(a_{n+1} - a_n) - 2$ $\cdots\cdots\text{③}$
よって, $b_{n+1} = \mathbf{3}b_n - \mathbf{2}$ $\cdots\cdots\text{④}$

答 (ウ) 2 (エ) 3 (オ) 2

(ii) $\alpha=3\alpha-2$ を解くと，$\alpha=1$

　　よって，(i)の④の漸化式は $b_{n+1}-1=3(b_n-1)$
と変形できる。

　　したがって，数列 $\{b_n-1\}$ は公比3,
初項 $b_1-1=2-1=1$ の等比数列なので
$$b_n-1=1\cdot3^{n-1}$$
$$b_n=3^{n-1}+1$$

　　数列 $\{a_n\}$ の階差数列が $\{b_n\}$ であるから，
$n\geqq2$ のとき

$$a_n=a_1+\sum_{k=1}^{n-1}b_k=2+\sum_{k=1}^{n-1}(3^{k-1}+1)$$
$$=2+\frac{3^{n-1}-1}{3-1}+(n-1)$$
$$=1+\frac{3^{n-1}-1}{2}+n$$
$$=\frac{3^{n-1}+1}{2}+n$$

　　これは $n=1$ のときも成り立つ。

　　　　　　答 **(カ) 3　(キ) 1　(ク) 2**

【参考】$a_{n+1}=pa_n+q$ の形の漸化式

　漸化式が $a_{n+1}=pa_n+q$ （$p,\ q$ は定数，$p\neq1$）のとき，$\alpha=p\alpha+q$ を満たす α を用いて $a_{n+1}-\alpha=p(a_n-\alpha)$ と変形できる。このとき数列 $\{a_n-\alpha\}$ は，初項 $a_1-\alpha$，公比 p の等比数列となる。

【参考】等比数列の一般項

　初項 a，公比 r の等比数列 $\{a_n\}$ の一般項は
$$a_n=ar^{n-1}$$

【参考】階差数列

　数列 $\{a_n\}$ の階差数列が $\{b_n\}$ のとき
$$a_n=a_1+\sum_{k=1}^{n-1}b_k \quad (n\geqq2)$$

---

8 次の各問いに答えなさい。

(1) $\displaystyle\lim_{n\to\infty}\frac{n^2}{1+2+3+\cdots\cdots+n}=\boxed{\ \text{ア}\ }$
である。

(2) $\displaystyle\lim_{x\to2}\frac{\sqrt{4x+1}-3}{x-2}=\dfrac{\boxed{\ \text{イ}\ }}{\boxed{\ \text{ウ}\ }}$
である。

(3) 右の図のように，座標平面上で，点Pは原点Oから出発して，x 軸の正の方向に1だけ進み，次に y 軸の正の方向に $\frac{1}{2}$ だけ進む。以下，x 軸の負の方向，y 軸の負の方向，x 軸の正の方向，……と進行方向左に90°ずつ向きを変え，それぞれ $\left(\frac{1}{2}\right)^2$，$\left(\frac{1}{2}\right)^3$，$\left(\frac{1}{2}\right)^4$，……と限りなく進むとき，点Pが近づいていく点の座標は
$$\left(\dfrac{\boxed{\ \text{エ}\ }}{\boxed{\ \text{オ}\ }},\ \dfrac{\boxed{\ \text{カ}\ }}{\boxed{\ \text{キ}\ }}\right)$$
である。

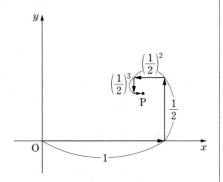

(1) $1+2+3+\cdots\cdots+n=\dfrac{n(n+1)}{2}$ より

$$\lim_{n\to\infty}\frac{n^2}{1+2+3+\cdots\cdots+n}=\lim_{n\to\infty}\frac{n^2}{\dfrac{n(n+1)}{2}}$$

$$=\lim_{n\to\infty}\frac{2n^2}{n(n+1)}$$

$$=\lim_{n\to\infty}\frac{2n^2}{n^2+n}$$

$$=\lim_{n\to\infty}\frac{2}{1+\dfrac{1}{n}}=\frac{2}{1}=\mathbf{2}$$

答 (ア) **2**

(2)

$$\lim_{x\to2}\frac{\sqrt{4x+1}-3}{x-2}=\lim_{x\to2}\frac{(\sqrt{4x+1}-3)(\sqrt{4x+1}+3)}{(x-2)(\sqrt{4x+1}+3)}$$

$$=\lim_{x\to2}\frac{(4x+1)-9}{(x-2)(\sqrt{4x+1}+3)}$$

$$=\lim_{x\to2}\frac{4x-8}{(x-2)(\sqrt{4x+1}+3)}$$

$$=\lim_{x\to2}\frac{4(x-2)}{(x-2)(\sqrt{4x+1}+3)}$$

$$=\lim_{x\to2}\frac{4}{\sqrt{4x+1}+3}=\frac{4}{\sqrt{9}+3}=\frac{4}{6}=\frac{\mathbf{2}}{\mathbf{3}}$$

答 (イ) **2** (ウ) **3**

(3) 次ページの図のように，点Pが近づいていく
点の x 座標は

$$x=1-\left(\frac{1}{2}\right)^2+\left(\frac{1}{2}\right)^4-\left(\frac{1}{2}\right)^6+\cdots$$

と表せる。これは，初項1，公比 $-\left(\dfrac{1}{2}\right)^2=-\dfrac{1}{4}$

の無限等比級数の和である。$\left|-\dfrac{1}{4}\right|<1$ だから

収束し，その和は

$$x=\frac{1}{1-\left(-\dfrac{1}{4}\right)}=\frac{1}{\dfrac{5}{4}}=\frac{4}{5}$$

また，点Pが近づいていく点の y 座標は

$$y=\frac{1}{2}-\left(\frac{1}{2}\right)^3+\left(\frac{1}{2}\right)^5-\left(\frac{1}{2}\right)^7+\cdots$$

と表せる。これは，初項 $\dfrac{1}{2}$，公比 $-\left(\dfrac{1}{2}\right)^2=-\dfrac{1}{4}$ の無限等比級数の和である。$\left|-\dfrac{1}{4}\right|<1$ だから

【参考】無限等比級数の収束・発散

無限等比級数

$$a+ar+ar^2+\cdots+ar^{n-1}+\cdots\quad(a\neq0)$$

の収束，発散は，

1 $|r|<1$ のとき収束し，その和は $\dfrac{a}{1-r}$

2 $|r|\geqq1$ のとき発散する。

収束し，その和は

$$y = \frac{\dfrac{1}{2}}{1-\left(-\dfrac{1}{4}\right)} = \frac{\dfrac{1}{2}}{\dfrac{5}{4}} = \frac{2}{5}$$

したがって，点Pが近づいていく点の座標は $\left(\dfrac{4}{5},\ \dfrac{2}{5}\right)$

答 （エ）4 （オ）5 （カ）2 （キ）5

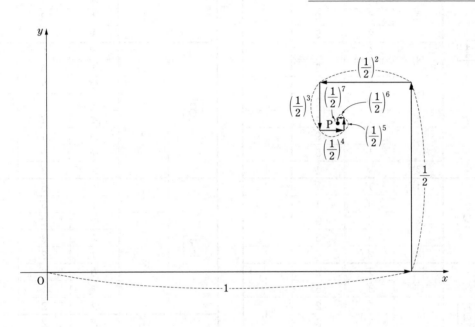

数学　9月実施　理系　　正解と配点 (70分，100点満点)

問題番号	設問	設問	正解	配点
1	(1)	ア	8	4
		イ	7	
	(2)	ウ	2	4
		エ	6	
	(3)	オ	1	4
		カ	3	
		キ	5	
	(4)	ク	―	4
		ケ	2	
	(5)	コ	5	4
		サ	2	
	(6)	シ	4	4
	(7)	ス	9	4
		セ	5	
	(8)	ソ	②	4
2	(1)	ア	⑥	3
	(2)	イ	1	3
		ウ	9	
		エ	5	
	(3)	オ	4	3
3	(1)	ア	2	3
		イ	5	
	(2)	ウ	2	3
		エ	3	
	(3)	オ	2	4
		カ	5	
4	(1)	ア	―	3
		イ	6	
		ウ	―	3
		エ	7	
	(2)	オ	7	4
		カ	2	
		キ	0	

問題番号	設問	設問	正解	配点
5	(1)	ア	1	3
		イ	4	
	(2)	ウ	1	3
		エ	0	
	(3)	オ	④	2
		カ	3	2
		キ	2	
6	(1)	ア	2	3
		イ	5	
		ウ	3	
	(2)	エ	3	3
		オ	2	3
		カ	1	
		キ	9	
		ク	3	
7	(1)	ア	5	3
		イ	3	
	(2)	ウ	2	1
		エ	3	2
		オ	2	
		カ	3	4
		キ	1	
		ク	2	
8	(1)	ア	2	3
	(2)	イ	2	3
		ウ	3	
	(3)	エ	4	4
		オ	5	
		カ	2	
		キ	5	

令和5年度

基礎学力到達度テスト
問題と詳解

1 次の各問いに答えなさい。

(1) 整式 $2x^3-6x^2-3x-16$ を $x-4$ で割ったときの

　　　商は　　$2x^2+\boxed{ア}x+\boxed{イ}$

　　　余りは　　$\boxed{ウ}$

である。

(2) i を虚数単位とするとき

$$\frac{11+3\sqrt{3}\,i}{1+\sqrt{3}\,i}=\boxed{エ}-\boxed{オ}\sqrt{3}\,i$$

である。

(3) $3\sin\left(-\dfrac{\pi}{6}\right)+\cos\dfrac{4}{3}\pi=\boxed{カ}\boxed{キ}$

である。

(4) 座標空間の2点 $A(2,\ -1,\ 3)$, $B(-1,\ 3,\ 3)$ について

　　　$\overrightarrow{OA}\cdot\overrightarrow{OB}=\boxed{ク}$, $|\overrightarrow{AB}|=\boxed{ケ}$

である。ただし，O は原点とする。

2 円：$x^2+y^2+12x-4y+35=0$　……① と直線：$x+2y+k=0$　……② について，次の問いに答えなさい。

(1) 円①の

　　　中心の座標は（$\boxed{ア}\boxed{イ}$, $\boxed{ウ}$），半径は $\sqrt{\boxed{エ}}$

である。

(2) 円①と直線②が共有点をもつとき，定数 k のとり得る値の範囲は

　　　$\boxed{オ}\boxed{カ}\leqq k\leqq\boxed{キ}$

である。

(3) $k=-1$ のとき，円①と直線②の交点を A，B とすると，線分 AB の長さは

$$AB=\frac{\boxed{ク}\sqrt{\boxed{ケ}}}{\boxed{コ}}$$

である。

3

次の各問いに答えなさい。

(1) 第4項が -19，第8項が -47 である等差数列 $\{a_n\}$ について，一般項 a_n は
$$a_n = \boxed{\text{ア}\ \text{イ}}\, n + \boxed{\text{ウ}}$$
である。

(2) 等比数列 $3,\ -\dfrac{3}{2},\ \dfrac{3}{4},\ \cdots\cdots$ の初項から第 n 項までの和は
$$\boxed{\text{エ}} + \frac{\boxed{\text{オ}}}{(\boxed{\text{カ}\ \text{キ}})^{n-1}}$$
である。

(3) 次の群数列は，ある規則にしたがって作られていて，第 n 群には n 個の項が並ぶように
なっている。また，それぞれの項は約分しないものとする。
$$\frac{1}{1} \ \bigg|\ \frac{2}{1},\ \frac{1}{2}\ \bigg|\ \frac{3}{1},\ \frac{2}{2},\ \frac{1}{3}\ \bigg|\ \frac{4}{1},\ \frac{3}{2},\ \frac{2}{3},\ \frac{1}{4}\ \bigg|\ \frac{5}{1},\ \frac{4}{2},\ \frac{3}{3},\ \frac{2}{4},\ \frac{1}{5}\ \bigg|\ \cdots\cdots$$

このとき，第12群の5番目の項は，$\dfrac{\boxed{\text{ク}}}{\boxed{\text{ケ}}}$ であり，$\dfrac{8}{8}$ は最初から数えて $\boxed{\text{コ}\ \text{サ}\ \text{シ}}$ 番目
の項である。

4

次の各問いに答えなさい。

(1) $\sqrt[3]{32} \times \sqrt[6]{4} = \boxed{\text{ア}}$ である。

(2) $\log_9 \sqrt{2} - \dfrac{1}{2}\log_9 54 = \dfrac{\boxed{\text{イ}\ \text{ウ}}}{\boxed{\text{エ}}}$ である。

(3) 不等式 $\log_{\frac{1}{2}}(x-2) < \log_{\frac{1}{2}}(2x-6)$ の解は
$$\boxed{\text{オ}}$$
である。$\boxed{\text{オ}}$ に適するものを下の選択肢から選び，番号で答えなさい。

```
―〈選択肢〉――――――――――――――――――――――――――
  ①  0<x<3        ②  2<x<4        ③  3<x<4
  ④  2<x<6        ⑤  3<x          ⑥  4<x
  ⑦  x<4          ⑧  x<2, 4<x     ⑨  x<3, 4<x
```

$\boxed{5}$ 次の各問いに答えなさい。

(1) 関数 $y = -x^3 + 6x$ ……① のグラフ上の点 P の x 座標は -2 である。

このとき, 点 P における①のグラフの接線の方程式は

$$y = \boxed{ア}\boxed{イ}\, x - \boxed{ウ}\boxed{エ}$$

である。

また, 関数①の極小値は

$$\boxed{オ}\boxed{カ}\sqrt{\boxed{キ}}$$

である。

(2) 連立不等式 $\begin{cases} y \geqq x^2 + 6x - 2 \\ y \leqq -2x^2 + 3x + 4 \\ x \leqq 0 \end{cases}$

の表す領域の面積は

$$\boxed{ク}\boxed{ケ}$$

である。

$\boxed{6}$ 次の各問いに答えなさい。

(1) 3つのベクトル $\vec{a}=(-5,\ 1)$, $\vec{b}=(3,\ -2)$, $\vec{c}=(-1,\ -4)$ について,
$\vec{c}=m\vec{a}+n\vec{b}$ が成り立つとき
$$m=\boxed{\ \ \mathcal{ア}\ \ },\quad n=\boxed{\ \ \mathcal{イ}\ \ }$$
である。

(2) 1辺の長さが3の正三角形OABにおいて,
辺OAの中点をC, 辺OBを2:1に内分する
点をD, 線分CDを1:2に内分する点をPと
する。$\overrightarrow{OA}=\vec{a}$, $\overrightarrow{OB}=\vec{b}$ とするとき

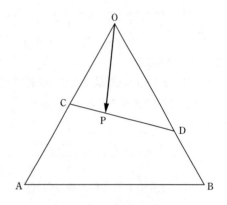

$$\vec{a}\cdot\vec{b}=\dfrac{\boxed{\ \ \mathcal{ウ}\ \ }}{\boxed{\ \ \mathcal{エ}\ \ }}$$

であり, $\overrightarrow{OP}$ を $\vec{a}$ と $\vec{b}$ を用いて表すと

$$\overrightarrow{OP}=\dfrac{\boxed{\ \mathcal{オ}\ }\vec{a}+\boxed{\ \mathcal{カ}\ }\vec{b}}{\boxed{\ \ \mathcal{キ}\ \ }}$$

である。

また

$$|\overrightarrow{OP}|=\dfrac{\sqrt{\boxed{\mathcal{ク}}\boxed{\mathcal{ケ}}}}{\boxed{\ \mathcal{コ}\ }}$$

である。

$\boxed{7}$ 次の各問いに答えなさい。

(1) $\sin\theta=\dfrac{1}{3}$ のとき, $\cos2\theta=\dfrac{\boxed{\ \mathcal{ア}\ }}{\boxed{\ \mathcal{イ}\ }}$ である。

(2) $0\leqq\theta\leqq\pi$ のとき, 方程式 $2\sin\left(\theta-\dfrac{\pi}{4}\right)=1$ の解は

$$\theta=\dfrac{\boxed{\ \ \mathcal{ウ}\ \ }}{\boxed{\mathcal{エ}}\boxed{\mathcal{オ}}}\pi$$

である。

(3) $0\leqq\theta<\pi$ のとき, 関数 $y=\sin^2\theta+6\sin\theta\cos\theta-7\cos^2\theta$ は

最大値 $\boxed{\ \ \mathcal{カ}\ \ }$

最小値 $\boxed{\mathcal{キ}}\boxed{\mathcal{ク}}$

をとる。

令和5年度　9月実施　文系

1 次の各問いに答えなさい。

(1) $x = \dfrac{1}{\sqrt{5}-2}$, $y = \dfrac{1}{\sqrt{5}+2}$ のとき

$x - y = \boxed{\text{ア}}$, $x^2 + y^2 = \boxed{\text{イ}\,\text{ウ}}$

である。

(2) a, b を自然数として，9個のデータ 9, 5, 8, 2, 8, 4, 9, a, b から作成した箱ひげ図が以下のようであるとき，$a = \boxed{\text{エ}}$, $b = \boxed{\text{オ}}$ である。ただし，$a < b$ とする。

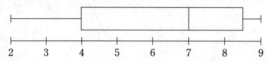

(3) 2進法で表された数 $1011001_{(2)}$ を 10進法で表すと

$\boxed{\text{カ}\,\text{キ}}$

である。

(4) 整式 $x^3 - 7x^2 + 8x + 13$ を整式 $x - 2$ で割ると

商は　$x^2 - \boxed{\text{ク}}\,x - \boxed{\text{ケ}}$

余りは　$\boxed{\text{コ}}$

である。

(5) $\triangle ABC$ において，$AB = 3$, $BC = \sqrt{10}$, $CA = 4$ であるとき

$\cos A = \dfrac{\boxed{\text{サ}}}{\boxed{\text{シ}}}$

である。

(6) 第3項が -3，第8項が12である等差数列において，第20項は

$\boxed{\text{ス}\,\text{セ}}$

である。

2 放物線 $y = x^2 + 4x - 3$ ……① について，次の問いに答えなさい。

(1) 放物線①の頂点は，点 　ア　 である。

　ア　 に最も適するものを下の選択肢から選び，番号で答えなさい。

┌─〈選択肢〉─────────────────────────────
│ ① $(2, -7)$　　② $(2, 1)$　　③ $(-2, -7)$　　④ $(-2, 1)$
│ ⑤ $(4, -7)$　　⑥ $(4, 1)$　　⑦ $(-4, -7)$　　⑧ $(-4, 1)$
└──────────────────────────────────

(2) $-5 \leqq x \leqq 2$ のとき，y の

　　　最大値は 　イ　

　　　最小値は 　ウエ　

である。

(3) $a > 0$ とする。放物線①を x 軸方向に a だけ平行移動したグラフが点 $(-1, 2)$ を通るとき

　　　$a = $ 　オ　

である。

3 赤色，青色のカードが3枚ずつと黄色のカードが2枚ある。赤色，青色のカードには1から3までの番号が1つずつ，黄色のカードには1と2の番号が1つずつ書かれている。この8枚のカードから同時に2枚を取り出すとき，次の問いに答えなさい。

(1) 2枚のカードの取り出し方は全部で

　　　　　アイ 通り

ある。

(2) 取り出した2枚のカードが同じ色である確率は

$$\frac{ウ}{エ}$$

である。

(3) 取り出した2枚のカードが色も番号も異なる確率は

$$\frac{オ}{カ}$$

である。

4 円 $x^2 + y^2 - 4x + 2y - 20 = 0$ ……① と直線 $y = 3$ ……② について，次の問いに答えなさい。

(1) 円①の中心の座標は

$$(\boxed{\text{ア}}, \boxed{\text{イ}}\boxed{\text{ウ}})$$

である。

(2) 円①と直線②の交点を A，B とするとき

$$AB = \boxed{\text{エ}}$$

である。ただし，2つの交点のうち，x座標の小さい方を A とする。

(3) (2)において，点 A における円①の接線と点 B における円①の接線の交点の座標は

$$\left(\boxed{\text{オ}}, \ \dfrac{\boxed{\text{カ}}\boxed{\text{キ}}}{\boxed{\text{ク}}}\right)$$

である。

5 次の各問いに答えなさい。

(1) $0 < \theta < \pi$ で，$\cos\theta = -\dfrac{3}{4}$ のとき

$$\sin\theta = \boxed{\text{ア}}, \quad \tan\theta = \boxed{\text{イ}}, \quad \sin 2\theta = \boxed{\text{ウ}}$$

である。

$\boxed{\text{ア}}$，$\boxed{\text{イ}}$，$\boxed{\text{ウ}}$ に最も適するものを下の選択肢から選び，番号で答えなさい。ただし，同じ番号を繰り返し用いてもよい。

〈選択肢〉

① $\dfrac{1}{4}$　② $-\dfrac{1}{4}$　③ $\dfrac{\sqrt{7}}{4}$　④ $-\dfrac{\sqrt{7}}{4}$

⑤ $\dfrac{\sqrt{7}}{3}$　⑥ $-\dfrac{\sqrt{7}}{3}$　⑦ $-\dfrac{3\sqrt{7}}{8}$　⑧ $-\dfrac{3\sqrt{7}}{16}$

(2) $2\sqrt{3}\sin\theta + 2\cos\theta = \boxed{\text{エ}}\sin\left(\theta + \dfrac{\pi}{\boxed{\text{オ}}}\right)$

である。ただし，$0 < \dfrac{\pi}{\boxed{\text{オ}}} < \pi$ とする。

(3) $0 \leqq \theta \leqq \pi$ のとき，方程式 $\sin\left(\theta + \dfrac{\pi}{3}\right) = \dfrac{1}{\sqrt{2}}$ の解は

$$\theta = \dfrac{\boxed{\text{カ}}}{\boxed{\text{キ}}\boxed{\text{ク}}}\pi$$

である。

6 次の各問いに答えなさい。

(1) $\left(\dfrac{1}{\sqrt{3}}\right)^{-6} = $ $\boxed{\text{ア}}\boxed{\text{イ}}$

　　である。

(2) $2\log_3 18 - \log_3 4 = $ $\boxed{\quad\text{ウ}\quad}$

　　である。

(3) 不等式 $\log_2(x-2) + \log_2(7-x) > \log_2(10-2x)$ の解は

　　　　$\boxed{\quad\text{エ}\quad} < x < \boxed{\quad\text{オ}\quad}$

　　である。

7 次の各問いに答えなさい。

(1) 関数 $y = \dfrac{1}{3}x^3 - 2x^2 + 3x$ は

　　　　極大値 $\dfrac{\boxed{\quad\text{ア}\quad}}{\boxed{\quad\text{イ}\quad}}$

　　をとる。

(2) 放物線 $y = x^2 - 4x + 4$ ……① について

　(i) 放物線①上の x 座標が4である点 P における接線 l の方程式は

　　　　$y = \boxed{\quad\text{ウ}\quad} x - \boxed{\text{エ}}\boxed{\text{オ}}$

　　である。

　(ii) (i)の接線 l と放物線①および x 軸によって囲まれた部分の面積は

　　　　$\dfrac{\boxed{\quad\text{カ}\quad}}{\boxed{\quad\text{キ}\quad}}$

　　である。

8

次の各問いに答えなさい。

(1) 2つのベクトル $\vec{a} = (-1,\ -1),\ \vec{b} = (-2,\ 5)$ について

$$\vec{a} \cdot \vec{b} = \boxed{\text{ア}\ \text{イ}},\quad |\vec{a} + \vec{b}| = \boxed{\text{ウ}}$$

である。

また，2つのベクトル $\vec{a}$ と $\vec{a} + t\vec{b}$（t は実数）が垂直であるとき

$$t = \dfrac{\boxed{\text{エ}}}{\boxed{\text{オ}}}$$

である。

(2) 右の図のような平行四辺形 ABCD において，辺 AB の中点を E，辺 BC の中点を F とし，線分 AF と線分 DE の交点を P とする。このとき，$\overrightarrow{\text{AP}}$ を $\overrightarrow{\text{AB}}$ と $\overrightarrow{\text{AD}}$ を用いて表すと

$$\overrightarrow{\text{AP}} = \dfrac{\boxed{\text{カ}}}{\boxed{\text{キ}}}\overrightarrow{\text{AB}} + \dfrac{\boxed{\text{ク}}}{\boxed{\text{キ}}}\overrightarrow{\text{AD}}$$

である。

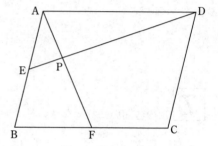

1 次の各問いに答えなさい。ただし，(3)，(8)の i は虚数単位とする。

(1) 2次関数 $y=3x^2-6x-1$ のグラフを x 軸方向に -2，y 軸方向に8だけ平行移動したグラフを表す式は

$$y=3x^2+\boxed{\text{ア}}\,x+\boxed{\text{イ}}$$

である。

(2) △ABC において，BC＝6，∠B＝45°，∠C＝75° であるとき，△ABC の外接円の半径は

$$\boxed{\text{ウ}}\sqrt{\boxed{\text{エ}}}$$

である。

(3) $\dfrac{3}{2-i}-\dfrac{7+i}{5i}=\boxed{\text{オ}}+\boxed{\text{カ}}\,i$

である。

(4) 2次方程式 $2x^2+12x+3=0$ の2つの解を α，β とするとき

$$\dfrac{\beta}{\alpha}+\dfrac{\alpha}{\beta}=\boxed{\text{キ}}\boxed{\text{ク}}$$

である。

(5) 点 $(-2,\ 3)$ を中心とし，直線 $3x-y-11=0$ に接する円の方程式は

$$x^2+y^2+\boxed{\text{ケ}}\,x-\boxed{\text{コ}}\,y-\boxed{\text{サ}}\boxed{\text{シ}}=0$$

である。

(6) $\cos\theta=-\dfrac{\sqrt{7}}{3}$ のとき

$$\cos 2\theta=\dfrac{\boxed{\text{ス}}}{\boxed{\text{セ}}}$$

である。

(7) 双曲線 $\dfrac{x^2}{7}-\dfrac{y^2}{9}=-1$ の焦点の座標は $\boxed{\text{ソ}}$ である。

$\boxed{\text{ソ}}$ に最も適するものを下の選択肢から選び，番号で答えなさい。

〈選択肢〉
① $(\sqrt{2},\ 0),\ (-\sqrt{2},\ 0)$　　② $(2,\ 0),\ (-2,\ 0)$
③ $(4,\ 0),\ (-4,\ 0)$　　④ $(16,\ 0),\ (-16,\ 0)$
⑤ $(0,\ \sqrt{2}),\ (0,\ -\sqrt{2})$　　⑥ $(0,\ 2),\ (0,\ -2)$
⑦ $(0,\ 4),\ (0,\ -4)$　　⑧ $(0,\ 16),\ (0,\ -16)$

(8) $z=\sqrt{2}\left(\cos\dfrac{\pi}{4}+i\sin\dfrac{\pi}{4}\right)$ のとき

$$z^7=\boxed{\text{タ}}-\boxed{\text{チ}}\,i$$

である。

2 次の各問いに答えなさい。

(1) 右の度数分布表は，8月1日から8月31日までの31日間において，Aさんの1日あたりのスマートフォンの使用時間(分)を記録し，そのデータをまとめたものである。このデータから作った箱ひげ図は ア である。

ア に最も適するものを下の選択肢から選び，番号で答えなさい。

スマートフォンの使用時間

使用時間(分)	日数(日)
0 以上 ～ 20 未満	5
20 ～ 40	4
40 ～ 60	6
60 ～ 80	8
80 ～ 100	6
100 ～ 120	2
計	31

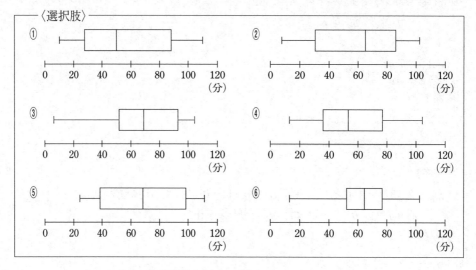

〈選択肢〉

(2) 667と1073の最大公約数は イウ である。

(3) 等式 $xy - 2x + 5y - 1 = 0$ を満たす整数 x, y の組は，全部で エ 組ある。

3 1回目に1個のさいころを投げ，1から4の目が出たら，2回目は2個のさいころを同時に投げる。1回目に5または6の目が出たら，2回目は1個のさいころを投げる。1回目，2回目に出たすべての目の和を得点 X とするとき，次の問いに答えなさい。

(1) 得点 X のとり得る値は全部で

$$\boxed{ア}\boxed{イ}\ 通り$$

ある。

(2) $X=8$ となる確率は

$$\frac{\boxed{ウ}}{\boxed{エ}\boxed{オ}}$$

である。

(3) $X=8$ であるとき，1回目に3の目が出ていた条件付き確率は

$$\frac{\boxed{カ}}{\boxed{キ}\boxed{ク}}$$

である。

4 次の各問いに答えなさい。

(1) 3次関数 $y=-2x^3+6x^2+48x+50$ について

$$極小値は\ \boxed{ア}\boxed{イ}$$

である。

(2) 放物線 $y=x^2$ ……① に点 $(1,\ -3)$ から2本の接線を引くとき，それぞれの接線の傾きは

$$\boxed{ウ}\boxed{エ},\ \boxed{オ}$$

である。

また，放物線①とこの2本の接線で囲まれた部分の面積は

$$\frac{\boxed{カ}\boxed{キ}}{\boxed{ク}}$$

である。

5 次の各問いに答えなさい。

(1) $\sqrt[3]{4} \times \left(\dfrac{1}{\sqrt{2}}\right)^{-\frac{8}{3}} = \boxed{\ \ ア\ \ }$

である。

(2) 方程式 $\log_3(x-2) = \log_9 x$ の解は

$$x = \boxed{\ \ イ\ \ }$$

である。

(3) $0 \leqq x < 2\pi$ のとき，関数 $y = \sqrt{6}\sin x - \sqrt{10}\cos x + 1$ は

　　　最大値 $\boxed{\ \ ウ\ \ }$

　　　最小値 $\boxed{\ エ\ |\ オ\ }$

をとる。

6 $\triangle ABC$ と点 P があり，等式 $3\overrightarrow{AP} + 2\overrightarrow{BP} + \overrightarrow{CP} = \vec{0}$ が成り立っている。このとき，次の問いに答えなさい。

(1) $\overrightarrow{AP}$ を $\overrightarrow{AB}$ と $\overrightarrow{AC}$ を用いて表すと

$$\overrightarrow{AP} = \frac{\boxed{\ ア\ }}{\boxed{\ イ\ }}\overrightarrow{AB} + \frac{\boxed{\ ウ\ }}{\boxed{\ エ\ }}\overrightarrow{AC}$$

であり，直線 AP と直線 BC の交点を D とすると

$$\frac{BD}{CD} = \frac{\boxed{\ オ\ }}{\boxed{\ カ\ }}$$

である。

(2) $\triangle ABC$ が 1 辺の長さ 3 の正三角形であるとき

$$|\overrightarrow{AP}| = \frac{\sqrt{\boxed{\ キ\ }}}{\boxed{\ ク\ }}$$

である。

7

次の各問いに答えなさい。

(1) 等差数列 $\{a_n\}$ において
$$a_2 + a_5 = 34, \quad a_7 = 31$$
が成り立つとき，一般項 a_n は
$$a_n = \boxed{\text{ア}}\,n + \boxed{\text{イ}}$$
である。

(2) 数列 $\{b_n\}$ を
$$3, \ 4, \ 2, \ 6, \ -2, \ 14, \ -18, \ \cdots\cdots$$
とする。

(i) $c_n = b_{n+1} - b_n \ (n = 1, \ 2, \ 3, \ \cdots\cdots)$ で定められる数列 $\{c_n\}$ は，

初項 $\boxed{\text{ウ}}$

公比 $\boxed{\text{エ}\ \text{オ}}$

の等比数列である。

(ii) 数列 $\{b_n\}$ の一般項 b_n は
$$b_n = \frac{\boxed{\text{カ}\ \text{キ}} - (\boxed{\text{エ}\ \text{オ}})^{n-1}}{\boxed{\text{ク}}}$$
である。

8

次の各問いに答えなさい。

(1) $\displaystyle \lim_{x \to 4} \frac{3\sqrt{x} - 6}{x - 4} = \dfrac{\boxed{\text{ア}}}{\boxed{\text{イ}}}$ である。

(2) $\displaystyle \lim_{x \to 0} \frac{1 - \cos x}{x \sin x} = \dfrac{\boxed{\text{ウ}}}{\boxed{\text{エ}}}$ である。

(3) 1辺の長さが1の正六角形 $A_1B_1C_1D_1E_1F_1$ がある。右の図のように，正六角形 $A_1B_1C_1D_1E_1F_1$ の各辺の中点を頂点として正六角形 $A_2B_2C_2D_2E_2F_2$ を作り，次に正六角形 $A_2B_2C_2D_2E_2F_2$ の各辺の中点を頂点として正六角形 $A_3B_3C_3D_3E_3F_3$ を作る。以下，同様にして正六角形 $A_4B_4C_4D_4E_4F_4$, ……, $A_nB_nC_nD_nE_nF_n$, …… を作り，それらの面積の総和を S とするとき
$$S = \boxed{\text{オ}}\sqrt{\boxed{\text{カ}}}$$
である。

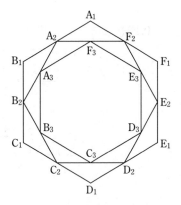

1 次の各問いに答えなさい。

(1) 整式 $2x^3 - 6x^2 - 3x - 16$ を $x - 4$ で割ったときの

商は　　$2x^2 +$ ア $x +$ イ

余りは　　ウ

である。

(2) i を虚数単位とするとき

$$\frac{11 + 3\sqrt{3}\,i}{1 + \sqrt{3}\,i} = \boxed{エ} - \boxed{オ}\sqrt{3}\,i$$

である。

(3) $3\sin\left(-\dfrac{\pi}{6}\right) + \cos\dfrac{4}{3}\pi = \boxed{カ}\boxed{キ}$

である。

(4) 座標空間の2点 A$(2,\ -1,\ 3)$, B$(-1,\ 3,\ 3)$ について

$\overrightarrow{OA} \cdot \overrightarrow{OB} = \boxed{ク}$,　$|\overrightarrow{AB}| = \boxed{ケ}$

である。ただし，O は原点とする。

解 答

(1) 右の割り算より，

商は　　$2x^2 + 2x + 5$

余りは　4

$$
\begin{array}{r}
2x^2 + 2x\ + 5 \\
x-4\ \overline{)\,2x^3 - 6x^2 - 3x - 16} \\
\underline{2x^3 - 8x^2} \\
2x^2 - 3x \\
\underline{2x^2 - 8x} \\
5x - 16 \\
\underline{5x - 20} \\
4
\end{array}
$$

答　（ア）**2**　（イ）**5**　（ウ）**4**

【**別解**】　組立除法を利用すると，

$$
\begin{array}{r|rrr|r}
2 & -6 & -3 & -16 & 4 \\
  & 8 & 8 & 20 & \\
\hline
2 & 2 & 5 & 4 &
\end{array}
$$

よって

商は　　$2x^2 + 2x + 5$

余りは　4

(2) 分母と分子に $1-\sqrt{3}\,i$ をかけて，分母を実数にする。

$$\frac{11+3\sqrt{3}\,i}{1+\sqrt{3}\,i}=\frac{(11+3\sqrt{3}\,i)(1-\sqrt{3}\,i)}{(1+\sqrt{3}\,i)(1-\sqrt{3}\,i)}$$

$$=\frac{11-8\sqrt{3}\,i-9i^2}{1-3i^2}$$

$$=\frac{11-8\sqrt{3}\,i+9}{1+3}$$

$$=\frac{20-8\sqrt{3}\,i}{4}=\mathbf{5-2\sqrt{3}\,i}$$

答　（エ）$\mathbf{5}$　（オ）$\mathbf{2}$

(3) 右図より，

$$\sin\left(-\frac{\pi}{6}\right)=-\sin\frac{\pi}{6}=-\frac{1}{2}$$

$$\cos\frac{4}{3}\pi=\cos\left(\pi+\frac{\pi}{3}\right)=-\cos\frac{\pi}{3}=-\frac{1}{2}$$

よって，

$$3\sin\left(-\frac{\pi}{6}\right)+\cos\frac{4}{3}\pi=-\frac{3}{2}-\frac{1}{2}=\mathbf{-2}$$

答　（カ）$\mathbf{-}$　（キ）$\mathbf{2}$

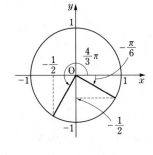

(4) A$(2,\ -1,\ 3)$，B$(-1,\ 3,\ 3)$ より，

$$\overrightarrow{OA}\cdot\overrightarrow{OB}=2\cdot(-1)+(-1)\cdot3+3\cdot3$$

$$=-2-3+9=\mathbf{4}$$

また，

$$\overrightarrow{AB}=\overrightarrow{OB}-\overrightarrow{OA}$$

$$=\{-1-2,\ 3-(-1),\ 3-3\}$$

$$=(-3,\ 4,\ 0)$$

より，

$$|\overrightarrow{AB}|=\sqrt{(-3)^2+4^2+0^2}$$

$$=\sqrt{25}=\mathbf{5}$$

【参考】空間ベクトルの内積・大きさ

$\vec{a}=(a_1,\ a_2,\ a_3)$，$\vec{b}=(b_1,\ b_2,\ b_3)$，
$\vec{c}=(p,\ q,\ r)$ とするとき，

$$\vec{a}\cdot\vec{b}=a_1b_1+a_2b_2+a_3b_3$$

$$|\vec{c}|=\sqrt{p^2+q^2+r^2}$$

答　（ク）$\mathbf{4}$　（ケ）$\mathbf{5}$

2 円：$x^2+y^2+12x-4y+35=0$ ……① と直線：$x+2y+k=0$ ……② について，次の問いに答えなさい。

(1) 円①の

中心の座標は（$\boxed{ア}\boxed{イ}$，$\boxed{ウ}$），半径は $\sqrt{\boxed{エ}}$

である。

(2) 円①と直線②が共有点をもつとき，定数 k のとり得る値の範囲は

$\boxed{オ}\boxed{カ}\leqq k\leqq\boxed{キ}$

である。

(3) $k=-1$ のとき，円①と直線②の交点を A，B とすると，線分 AB の長さは

$$AB=\dfrac{\boxed{ク}\sqrt{\boxed{ケ}}}{\boxed{コ}}$$

である。

解 答

(1) 円：$x^2+y^2+12x-4y+35=0$ ……① において，

x と y それぞれについて平方完成すると，

$$(x^2+12x+36)+(y^2-4y+4)=-35+36+4$$
$$(x+6)^2+(y-2)^2=5$$

これより，円①の中心の座標は **(-6, 2)**，半径は $\sqrt{5}$

答（ア）- （イ）6　（ウ）2　（エ）5

(2) 円①の中心$(-6, 2)$ と直線：$x+2y+k=0$ ……②
の距離を d とすると，

$$d=\dfrac{|1\cdot(-6)+2\cdot2+k|}{\sqrt{1^2+2^2}}=\dfrac{|k-2|}{\sqrt{5}}$$

円①と直線②が共有点をもつには，中心と直線の距離 d が円①の半径以下であればよいから，

$$\dfrac{|k-2|}{\sqrt{5}}\leqq\sqrt{5}$$

これを解くと，

$$|k-2|\leqq5$$
$$-5\leqq k-2\leqq5$$
$$\mathbf{-3\leqq k\leqq7}$$

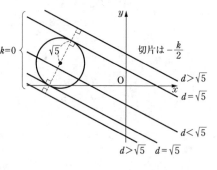

直線は
$x+2y+k=0$

$\sqrt{5}$

切片は $-\dfrac{k}{2}$

$d>\sqrt{5}$
$d=\sqrt{5}$
$d<\sqrt{5}$
$d>\sqrt{5}$　$d=\sqrt{5}$

答（オ）- （カ）3　（キ）7

┌─【参考】点と直線の距離─┐
直線 $ax+by+c=0$ と
点(x_0, y_0) との距離 d は，

$$d=\dfrac{|ax_0+by_0+c|}{\sqrt{a^2+b^2}}$$
└──────────────┘

┌─【参考】絶対値を含む不等式─┐
絶対値を含む不等式の解は，$a>0$
のとき，以下のようになる。

$$|x|\leqq a \iff -a\leqq x\leqq a$$
$$|x|\geqq a \iff x\leqq-a,\ a\leqq x$$
└──────────────┘

【別解】 円と直線の方程式を連立して解き，共有点をもつ条件から k の範囲を求めることもできる。

$x^2 + y^2 + 12x - 4y + 35 = 0$，$x + 2y + k = 0$ から x を消去して，

$$(-2y - k)^2 + y^2 + 12(-2y - k) - 4y + 35 = 0$$

整理して，

$$5y^2 + (4k - 28)y + (k^2 - 12k + 35) = 0$$

この2次方程式の判別式を D とすると，共有点をもつには $D \geqq 0$ となればよい。

ここで，

$$\frac{D}{4} = (2k - 14)^2 - 5(k^2 - 12k + 35)$$

$$= 4k^2 - 56k + 196 - 5k^2 + 60k - 175$$

$$= -k^2 + 4k + 21$$

であるから，

$$-k^2 + 4k + 21 \geqq 0$$

$$k^2 - 4k - 21 \leqq 0$$

$$(k + 3)(k - 7) \leqq 0$$

したがって，

$$\boldsymbol{-3 \leqq k \leqq 7}$$

(3) $k = 1$ のとき，$d = \dfrac{|-1-2|}{\sqrt{5}} = \dfrac{3}{\sqrt{5}}$

右図において，円①の中心を O，AB の中点を
M とすると，△OAB は二等辺三角形だから，

$$AB = 2AM$$

$$= 2\sqrt{(\sqrt{5})^2 - \left(\frac{3}{\sqrt{5}}\right)^2}$$

$$= 2\sqrt{5 - \frac{9}{5}}$$

$$= 2\sqrt{\frac{16}{5}} = \frac{8}{\sqrt{5}} = \boldsymbol{\frac{8\sqrt{5}}{5}}$$

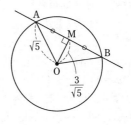

答 **(ク) 8** **(ケ) 5** **(コ) 5**

$\boxed{3}$ 次の各問いに答えなさい。

(1) 第4項が -19, 第8項が -47 である等差数列 $\{a_n\}$ について, 一般項 a_n は

$$a_n = \boxed{\text{ア}\,\text{イ}}\,n + \boxed{\text{ウ}}$$

である。

(2) 等比数列 $3,\ -\dfrac{3}{2},\ \dfrac{3}{4},\ \cdots\cdots$ の初項から第 n 項までの和は

$$\boxed{\text{エ}} + \frac{\boxed{\text{オ}}}{(\boxed{\text{カ}\,\text{キ}})^{n-1}}$$

である。

(3) 次の群数列は、ある規則にしたがって作られていて, 第 n 群には n 個の項が並ぶようになっている。また, それぞれの項は約分しないものとする。

$$\frac{1}{1}\ \Big|\ \frac{2}{1},\ \frac{1}{2}\ \Big|\ \frac{3}{1},\ \frac{2}{2},\ \frac{1}{3}\ \Big|\ \frac{4}{1},\ \frac{3}{2},\ \frac{2}{3},\ \frac{1}{4}\ \Big|\ \frac{5}{1},\ \frac{4}{2},\ \frac{3}{3},\ \frac{2}{4},\ \frac{1}{5}\ \Big|\ \cdots\cdots$$

このとき, 第12群の5番目の項は, $\dfrac{\boxed{\text{ク}}}{\boxed{\text{ケ}}}$ であり, $\dfrac{8}{8}$ は最初から数えて $\boxed{\text{コ}\,\text{サ}\,\text{シ}}$ 番目の項である。

解 答

(1) 等差数列 $\{a_n\}$ の初項を a, 公差を d とすると,
$$a_n = a + (n-1)d$$
よって,
$$a_4 = a + 3d = -19 \quad \cdots\cdots①$$
$$a_8 = a + 7d = -47 \quad \cdots\cdots②$$
$②-①$ より $4d = -28$ なので $d = -7$
①に代入して $a - 21 = -19$ から $a = 2$
よって, 一般項は
$$a_n = 2 + (n-1)\cdot(-7) = \boldsymbol{-7n + 9}$$

> **【参考】等差数列の一般項と和**
> 初項 a, 公差 d の等差数列 $\{a_n\}$ の一般項は,
> $$a_n = a + (n-1)d$$
> 初項から第 n 項までの和 S は,
> 第 n 項(末項)を ℓ とすると,
> $$S = \frac{1}{2}n(a+\ell) = \frac{1}{2}n\{2a + (n-1)d\}$$

答 (ア) $-$ (イ) **7** (ウ) **9**

(2) 等比数列 $3,\ -\dfrac{3}{2},\ \dfrac{3}{4},\ \cdots\cdots$ は, 初項が3, 公比が $-\dfrac{1}{2}$ である。

よって, 求める和は,

$$\frac{3\left\{1-\left(-\dfrac{1}{2}\right)^n\right\}}{1-\left(-\dfrac{1}{2}\right)} = \frac{3\left\{1-\dfrac{1}{(-2)^n}\right\}}{\dfrac{3}{2}}$$

$$= 2\left\{1 - \frac{1}{(-2)^n}\right\}$$

$$= 2 - \frac{2}{(-2)^n}$$

$$= 2 + \frac{-2}{(-2)^n}$$

> **【参考】等比数列の一般項と和**
> 初項 a, 公比 r の等比数列 $\{a_n\}$ の一般項は,
> $$a_n = ar^{n-1}$$
> 初項から第 n 項までの和 S は,
> $$S = \frac{a(r^n-1)}{r-1} = \frac{a(1-r^n)}{1-r}$$

$$= 2 + \frac{1}{(-2)^{n-1}}$$

答 (エ) 2　(オ) 1　(カ) −　(キ) 2

(3) この群数列の第12群は

$$\frac{12}{1}, \ \frac{11}{2}, \ \frac{10}{3}, \ \frac{9}{4}, \ \frac{8}{5}, \ \cdots\cdots$$

であるから，その5番目の項は $\dfrac{8}{5}$

また，第 n 群は

$$\frac{n}{1}, \ \frac{n-1}{2}, \ \frac{n-2}{3}, \ \cdots\cdots, \ \frac{2}{n-1}, \ \frac{1}{n}$$

である。

ここで，第 n 群の i 番目の項の分子を m とする。

分母は i であり，第 n 群の各項の分子と分母の和は $n+1$ であることに着目すると

$$m + i = n + 1$$
$$m = n - i + 1$$

すなわち，第 n 群の i 番目の項は $\dfrac{n-i+1}{i}$ と表せる。

$$\frac{n-i+1}{i} = \frac{8}{8}$$

のとき，$i-8$，$n-i+1-8$ より　$n=15$

すなわち，$\dfrac{8}{8}$ は第15群の8番目の項である。

よって，最初から数えると，

$$1 + 2 + 3 + \cdots\cdots + 13 + 14 + 8 = \frac{1}{2} \cdot 14 \cdot (1 + 14) + 8$$
$$= 113 \text{(番目)}$$

答 (ク) 8　(ケ) 5　(コ) 1　(サ) 1　(シ) 3

4 次の各問いに答えなさい。

(1) $\sqrt[3]{32} \times \sqrt[6]{4} = \boxed{\text{ア}}$ である。

(2) $\log_9 \sqrt{2} - \dfrac{1}{2}\log_9 54 = \dfrac{\boxed{\text{イ}\,\text{ウ}}}{\boxed{\text{エ}}}$ である。

(3) 不等式 $\log_{\frac{1}{2}}(x-2) < \log_{\frac{1}{2}}(2x-6)$ の解は

$\boxed{\text{オ}}$

である。$\boxed{\text{オ}}$ に適するものを下の選択肢から選び，番号で答えなさい。

〈選択肢〉
① $0<x<3$	② $2<x<4$	③ $3<x<4$
④ $2<x<6$	⑤ $3<x$	⑥ $4<x$
⑦ $x<4$	⑧ $x<2,\ 4<x$	⑨ $x<3,\ 4<x$

解 答

(1)
$$\sqrt[3]{32} \times \sqrt[6]{4} = \sqrt[3]{2^5} \times \sqrt[6]{2^2}$$
$$= 2^{\frac{5}{3}} \times 2^{\frac{2}{6}}$$
$$= 2^{\frac{5}{3}+\frac{1}{3}} = 2^2 = 4$$

【参考】累乗根と指数

$a>0$，m, n は自然数とするとき，
$$\sqrt[m]{a^n} = a^{\frac{n}{m}}$$

答 （ア）**4**

(2)
$$\log_9 \sqrt{2} - \frac{1}{2}\log_9 54$$
$$= \frac{1}{2}\log_9 2 - \frac{1}{2}\log_9 54$$
$$= \frac{1}{2}\log_9 \frac{2}{54}$$
$$= \frac{1}{2}\log_9 \frac{1}{27} = -\frac{1}{2}\log_9 27$$
$$= -\frac{1}{2}\cdot\frac{\log_3 27}{\log_3 9} = -\frac{1}{2}\cdot\frac{\log_3 3^3}{\log_3 3^2}$$
$$= -\frac{1}{2}\cdot\frac{3}{2} = \frac{-3}{4}$$

【参考】対数の性質・底の変換公式

M, N, a は正の数で，$a \neq 1$ のとき，
$$\log_a M + \log_a N = \log_a MN$$
$$\log_a M - \log_a N = \log_a \frac{M}{N}$$
$$\log_a M^p = p\log_a M$$
$$\log_a a = 1$$
さらに，b, c は正の数で，$b \neq 1$, $c \neq 1$ のとき，
$$\log_a b = \frac{\log_c b}{\log_c a}$$

答 （イ）**－** （ウ）**3** （エ）**4**

(3)
$$\log_{\frac{1}{2}}(x-2) < \log_{\frac{1}{2}}(2x-6)$$
真数条件より，
$$x-2>0 \quad かつ \quad 2x-6>0$$
すなわち
$$x>2 \quad かつ \quad x>3$$
であるから，$x>3$ ……①

底 $\dfrac{1}{2}<1$ より，

【参考】対数の底と不等式

M, N, a は正の数で，$a \neq 1$ とする。
$\log_a M < \log_a N$ のとき，
$$a>1 \ ならば \ M<N$$
$$0<a<1 \ ならば \ M>N$$

— 184 —

$$x-2>2x-6$$
$$-x>-4$$
$$x<4 \quad \cdots\cdots ②$$
①と②の共通部分を求めると　$3<x<4$
したがって，選択肢の③

答（オ）③

---

5 次の各問いに答えなさい。

(1)　関数 $y=-x^3+6x$　……① のグラフ上の点Pの x 座標は -2 である。

このとき，点Pにおける①のグラフの接線の方程式は

$$y= \boxed{ア}\boxed{イ}\,x-\boxed{ウ}\boxed{エ}$$

である。

また，関数①の極小値は

$$\boxed{オ}\boxed{カ}\sqrt{\boxed{キ}}$$

である。

(2)　連立不等式 $\begin{cases} y \geqq x^2+6x-2 \\ y \leqq -2x^2+3x+4 \\ x \leqq 0 \end{cases}$

の表す領域の面積は

$$\boxed{ク}\boxed{ケ}$$

である。

[解　答]

(1)　$f(x)=-x^3+6x$　……① とおく。

$$f'(x)=-3x^2+6$$

より

$$f'(-2)=-3\cdot(-2)^2+6=-6$$

また，

$$f(-2)=-(-2)^3+6\cdot(-2)=-4$$

よって，点Pにおける①のグラフの接線は，傾きが-6で，P$(-2,\ -4)$ を通る直線なので，

$$y-(-4)=-6\{x-(-2)\}$$

すなわち，

$$y=\boldsymbol{-6x-16}$$

また，$f'(x)=0$ となるのは，$x=\pm\sqrt{2}$ のときであるから，$f(x)$の増減表は次のようになる。

【参考】接線の方程式

関数 $y=f(x)$ のグラフ上の点 $(a,\ f(a))$ における接線の方程式は

$$y-f(a)=f'(a)(x-a)$$

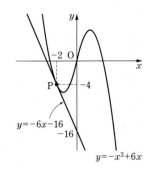

x	$\cdots$	$-\sqrt{2}$	$\cdots$	$\sqrt{2}$	$\cdots$
$f'(x)$	$-$	0	$+$	0	$-$
$f(x)$	↘	極小	↗	極大	↘

よって，関数 $y=f(x)$ は，$x=-\sqrt{2}$ のとき極小値をとり，
その値は，

$$f(-\sqrt{2})=-(-\sqrt{2})^3+6\cdot(-\sqrt{2})=-4\sqrt{2}$$

答 （ア）$-$ （イ）6 （ウ）1 （エ）6 （オ）$-$ （カ）4 （キ）2

(2) $y=x^2+6x-2$ と $y=-2x^2+3x+4$ のグラフの交点の
x 座標を求める。

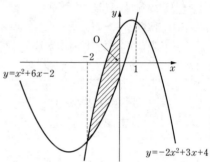

$$x^2+6x-2=-2x^2+3x+4$$
$$3x^2+3x-6=0$$
$$x^2+x-2=0$$
$$(x+2)(x-1)=0$$
$$x=-2,\ 1$$

よって，求める領域は右図の斜線部分であり，その
面積は，

$$\int_{-2}^{0}\{(-2x^2+3x+4)-(x^2+6x-2)\}dx=\int_{-2}^{0}(-3x^2-3x+6)dx$$
$$=\left[-x^3-\frac{3}{2}x^2+6x\right]_{-2}^{0}$$
$$=-\left\{-(-2)^3-\frac{3}{2}\cdot(-2)^2+6\cdot(-2)\right\}$$
$$=-(8-6-12)=10$$

答 （ク）1 （ケ）0

【参考】2つの曲線の間の面積

区間 $a\leqq x\leqq b$ において，$f(x)\geqq g(x)$
であるとき，関数 $y=f(x)$，$y=g(x)$
のグラフと2直線 $x=a$，$x=b$ に囲まれ
た部分の面積 S は，

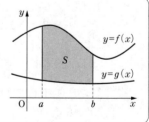

$$S=\int_{a}^{b}\{f(x)-g(x)\}dx$$

6
次の各問いに答えなさい。

(1) 3つのベクトル $\vec{a}=(-5,\ 1)$, $\vec{b}=(3,\ -2)$, $\vec{c}=(-1,\ -4)$ について，
$\vec{c}=m\vec{a}+n\vec{b}$ が成り立つとき

$$m=\boxed{\ \text{ア}\ },\quad n=\boxed{\ \text{イ}\ }$$

である。

(2) 1辺の長さが 3 の正三角形 OAB において，
辺 OA の中点を C，辺 OB を 2：1 に内分する
点を D，線分 CD を 1：2 に内分する点を P と
する。$\overrightarrow{OA}=\vec{a}$, $\overrightarrow{OB}=\vec{b}$ とするとき

$$\vec{a}\cdot\vec{b}=\dfrac{\boxed{\ \text{ウ}\ }}{\boxed{\ \text{エ}\ }}$$

であり，$\overrightarrow{OP}$ を $\vec{a}$ と $\vec{b}$ を用いて表すと

$$\overrightarrow{OP}=\dfrac{\boxed{\ \text{オ}\ }\vec{a}+\boxed{\ \text{カ}\ }\vec{b}}{\boxed{\ \text{キ}\ }}$$

である。
また

$$|\overrightarrow{OP}|=\dfrac{\sqrt{\boxed{\text{ク}\ \text{ケ}}}}{\boxed{\ \text{コ}\ }}$$

である。

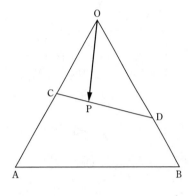

解 答

(1) $\vec{a}=(-5,\ 1)$, $\vec{b}=(3,\ -2)$ より，
$$m\vec{a}+n\vec{b}=m(-5,\ 1)+n(3,\ -2)$$
$$=(-5m+3n,\ m-2n)$$

これが $\vec{c}=(-1,\ -4)$ に等しいから，各成分を比較して，
$$\begin{cases} -5m+3n=-1 \\ m-2n=-4 \end{cases}$$

これを解くと，
$$m=2,\quad n=3$$

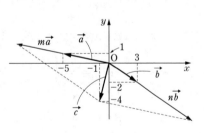

答（ア）2 （イ）3

(2) △OAB は正三角形であるから，∠AOB＝60° より，
$$\vec{a}\cdot\vec{b}=|\vec{a}||\vec{b}|\cos 60°$$
$$=3\cdot 3\cdot\frac{1}{2}=\frac{9}{2}$$

である。
また，

$$\overrightarrow{OC}=\frac{1}{2}\vec{a},\quad \overrightarrow{OD}=\frac{2}{3}\vec{b}$$

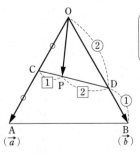

【参考】ベクトルの内積
$\vec{a}$ と $\vec{b}$ のなす角を θ とするとき，
$$\vec{a}\cdot\vec{b}=|\vec{a}||\vec{b}|\cos\theta$$

より,

$$\overrightarrow{\text{OP}} = \frac{2 \cdot \overrightarrow{\text{OC}} + 1 \cdot \overrightarrow{\text{OD}}}{1+2}$$

$$= \frac{2 \cdot \frac{1}{2}\vec{a} + 1 \cdot \frac{2}{3}\vec{b}}{3}$$

$$= \frac{3\vec{a} + 2\vec{b}}{9}$$

このとき,

$$|\overrightarrow{\text{OP}}|^2 = \left| \frac{3\vec{a} + 2\vec{b}}{9} \right|^2$$

$$= \frac{1}{81}\left(9|\vec{a}|^2 + 12\vec{a}\cdot\vec{b} + 4|\vec{b}|^2\right)$$

$$= \frac{1}{81}\left(9 \cdot 3^2 + 12 \cdot \frac{9}{2} + 4 \cdot 3^2\right) = \frac{19}{9}$$

$|\overrightarrow{\text{OP}}| > 0$ より, $|\overrightarrow{\text{OP}}| = \dfrac{\sqrt{19}}{3}$

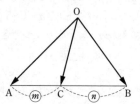

【参考】ベクトルの内分

辺 AB を $m:n$ に内分する点を C とするとき,

$$\overrightarrow{\text{OC}} = \frac{n\overrightarrow{\text{OA}} + m\overrightarrow{\text{OB}}}{m+n}$$

答 (ウ) 9　(エ) 2　(オ) 3　(カ) 2　(キ) 9　(ク) 1　(ケ) 9　(コ) 3

7　次の各問いに答えなさい。

(1)　$\sin\theta = \dfrac{1}{3}$ のとき, $\cos 2\theta = \dfrac{\boxed{\text{ア}}}{\boxed{\text{イ}}}$ である。

(2)　$0 \leqq \theta \leqq \pi$ のとき, 方程式 $2\sin\left(\theta - \dfrac{\pi}{4}\right) = 1$ の解は

$$\theta = \frac{\boxed{\text{ウ}}}{\boxed{\text{エ}}\,\boxed{\text{オ}}}\pi$$

である。

(3)　$0 \leqq \theta < \pi$ のとき, 関数 $y = \sin^2\theta + 6\sin\theta\cos\theta - 7\cos^2\theta$ は

　　　最大値　$\boxed{\text{カ}}$

　　　最小値　$\boxed{\text{キ}}\,\boxed{\text{ク}}$

をとる。

解 答

(1)　2倍角の公式より,

$$\cos 2\theta = 1 - 2\sin^2\theta$$

$$= 1 - 2 \cdot \left(\frac{1}{3}\right)^2 = \frac{7}{9}$$

答 (ア) 7　(イ) 9

【参考】2倍角の公式

$$\sin 2\theta = 2\sin\theta\cos\theta$$
$$\cos 2\theta = \cos^2\theta - \sin^2\theta$$
$$= 1 - 2\sin^2\theta$$
$$= 2\cos^2\theta - 1$$
$$\tan 2\theta = \frac{2\tan\theta}{1 - \tan^2\theta}$$

(2) $2\sin\left(\theta-\dfrac{\pi}{4}\right)=1$ より,

$$\sin\left(\theta-\dfrac{\pi}{4}\right)=\dfrac{1}{2}\qquad\cdots\cdots\text{①}$$

$0\leqq\theta\leqq\pi$ より, $-\dfrac{\pi}{4}\leqq\theta-\dfrac{\pi}{4}\leqq\dfrac{3}{4}\pi$

このとき, ①を満たすのは

$$\theta-\dfrac{\pi}{4}=\dfrac{\pi}{6}$$

より,

$$\theta=\dfrac{\pi}{4}+\dfrac{\pi}{6}=\dfrac{5}{12}\pi$$

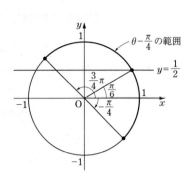

答 (ウ) 5 (エ) 1 (オ) 2

(3) 2倍角の公式より,

$$\sin^2\theta=\dfrac{1-\cos2\theta}{2},\ \ \cos^2\theta=\dfrac{1+\cos2\theta}{2},\ \ \sin\theta\cos\theta=\dfrac{\sin2\theta}{2}$$

であるから,

$$y=\sin^2\theta+6\sin\theta\cos\theta-7\cos^2\theta$$

$$=\dfrac{1-\cos2\theta}{2}+6\cdot\dfrac{\sin2\theta}{2}-7\cdot\dfrac{1+\cos2\theta}{2}$$

$$=3\sin2\theta-4\cos2\theta-3$$

ここで, 右図を用いて三角関数を合成すると,

$$y=\sqrt{3^2+(-4)^2}\sin(2\theta+\alpha)-3$$

$$=5\sin(2\theta+\alpha)-3$$

ただし, α は右図のように

$$\cos\alpha=\dfrac{3}{5},\ \ \sin\alpha=-\dfrac{4}{5}$$

を満たす角である。

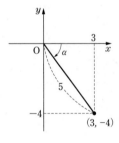

ここで $0\leqq\theta<\pi$ より,

$$0\leqq2\theta<2\pi\quad\text{つまり}\quad\alpha\leqq2\theta+\alpha<2\pi+\alpha$$

であるから,

$$-1\leqq\sin(2\theta+\alpha)\leqq1$$

$$-5\leqq5\sin(2\theta+\alpha)\leqq5$$

$$-8\leqq5\sin(2\theta+\alpha)-3\leqq2$$

したがって, y の最大値は **2**, 最小値は **−8** である。

答 (カ) 2 (キ) − (ク) 8

【参考】三角関数の合成と加法定理

α を $\cos\alpha = \dfrac{a}{\sqrt{a^2+b^2}}$, $\sin\alpha = \dfrac{b}{\sqrt{a^2+b^2}}$ を満たす角とする（下図の α）。

このとき，加法定理より，

$$\sin(\theta+\alpha) = \sin\theta\cos\alpha + \cos\theta\sin\alpha$$

$$= \sin\theta\cdot\frac{a}{\sqrt{a^2+b^2}} + \cos\theta\cdot\frac{b}{\sqrt{a^2+b^2}}$$

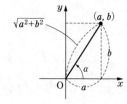

と表せる。

ここで，両辺を $\sqrt{a^2+b^2}$ 倍すると，

$$\sqrt{a^2+b^2}\,\sin(\theta+\alpha) = \sqrt{a^2+b^2}\left(\sin\theta\cdot\frac{a}{\sqrt{a^2+b^2}} + \cos\theta\cdot\frac{b}{\sqrt{a^2+b^2}}\right)$$

$$= \sin\theta\cdot a + \cos\theta\cdot b$$

$$= a\sin\theta + b\cos\theta$$

このように，加法定理の逆の計算，すなわち，上図の α を用いて

$$a\sin\theta + b\cos\theta = \sqrt{a^2+b^2}\,\sin(\theta+\alpha)$$

という計算をすることを，三角関数の合成という。

数学　4月実施　　正解と配点　（60分，100点満点）

問題番号・記号		正解	配点
1	(1)ア，イ，ウ	2，5，4	4
	(2)エ，オ	5，2	4
	(3)カ・キ	－・2	4
	(4)ク	4	3
	ケ	5	3
2	(1)ア・イ，ウ	－・6，2	2
	エ	5	2
	(2)オ・カ，キ	－・3，7	5
	(3)ク，ケ，コ	8，5，5	5
3	(1)ア・イ，ウ	－・7，9	4
	(2)エ，オ，カ・キ	2，1，－・2	4
	(3)ク，ケ	8，5	3
	コ・サ・シ	1・1・3	3
4	(1)ア	4	4
	(2)イ・ウ，エ	－・3，4	4
	(3)オ	③	5
5	(1)ア・イ，ウ・エ	－・6，1・6	4
	オ・カ，キ	－・4，2	4
	(2)ク・ケ	1・0	5
6	(1)ア，イ	2，3	4
	(2)ウ，エ	9，2	4
	オ，カ，キ	3，2，9	3
	ク・ケ，コ	1・9，3	3
7	(1)ア，イ	7，9	4
	(2)ウ，エ・オ	5，1・2	4
	(3)カ	2	3
	キ・ク	－・8	3

$\boxed{1}$ 次の各問いに答えなさい。

(1) $x=\dfrac{1}{\sqrt{5}-2}$, $y=\dfrac{1}{\sqrt{5}+2}$ のとき

$x-y=\boxed{ア}$, $x^2+y^2=\boxed{イ}\boxed{ウ}$

である。

(2) a, b を自然数として, 9個のデータ 9, 5, 8, 2, 8, 4, 9, a, b から作成した箱ひげ図が以下のようであるとき, $a=\boxed{エ}$, $b=\boxed{オ}$ である。ただし, $a<b$ とする。

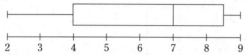

(3) 2進法で表された数 $1011001_{(2)}$ を 10進法で表すと

$\boxed{カ}\boxed{キ}$

である。

(4) 整式 $x^3-7x^2+8x+13$ を整式 $x-2$ で割ると

商は $x^2-\boxed{ク}\,x-\boxed{ケ}$

余りは $\boxed{コ}$

である。

(5) △ABC において, AB=3, BC=$\sqrt{10}$, CA=4 であるとき

$\cos A=\dfrac{\boxed{サ}}{\boxed{シ}}$

である。

(6) 第3項が -3, 第8項が12である等差数列において, 第20項は

$\boxed{ス}\boxed{セ}$

である。

解　答

(1) $x=\dfrac{1}{\sqrt{5}-2}=\dfrac{1}{\sqrt{5}-2}\times\dfrac{\sqrt{5}+2}{\sqrt{5}+2}=\dfrac{\sqrt{5}+2}{5-4}=\sqrt{5}+2$

$y=\dfrac{1}{\sqrt{5}+2}=\dfrac{1}{\sqrt{5}+2}\times\dfrac{\sqrt{5}-2}{\sqrt{5}-2}=\dfrac{\sqrt{5}-2}{5-4}=\sqrt{5}-2$

より,

$x-y=(\sqrt{5}+2)-(\sqrt{5}-2)=\mathbf{4}$

また,

$xy=(\sqrt{5}+2)(\sqrt{5}-2)=5-4=1$

だから,

$$x^2+y^2=(x-y)^2+2xy=4^2+2\times1=18$$

答 （ア）4　（イ）1　（ウ）8

(2)　a, b 以外の7個のデータを小さい順に並べると，

2, 4, 5, 8, 8, 9, 9

ここで，箱ひげ図から，最小値，第1四分位数，中央値，第3四分位数，最大値について，それぞれの値と，9個のデータの中で小さい方から数えて何番目のデータであるかをまとめると，次のようになる。

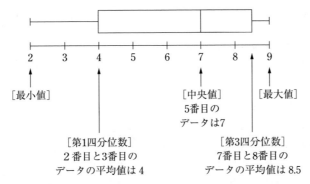

中央値が7，$a<b$ であり，7より大きいデータは4個あることから，

$$b=7$$

また，第1四分位数が4であることから，

$$a=4$$

このとき，9個のデータは

2, 4, 4, 5, 7, 8, 8, 9, 9

となり，題意を満たす。

答 （エ）4　（オ）7

(3)　$1011001_{(2)}=1\times2^6+0\times2^5+1\times2^4+1\times2^3+0\times2^2+0\times2^1+1\times2^0$

$$=64+16+8+1$$

$$=89$$

答 （カ）8　（キ）9

(4)　右の割り算より，

商は　x^2-5x-2

余りは　9

$$
\begin{array}{r}
x^2-5x-2 \\
x-2\overline{\smash{\big)}\,x^3-7x^2+8x+13} \\
\underline{x^3-2x^2} \\
-5x^2+8x \\
\underline{-5x^2+10x} \\
-2x+13 \\
\underline{-2x+4} \\
9
\end{array}
$$

答 （ク）5　（ケ）2　（コ）9

(5)　△ABC に余弦定理を用いると，

$$\cos A = \frac{3^2 + 4^2 - (\sqrt{10})^2}{2 \cdot 3 \cdot 4}$$

$$= \frac{9 + 16 - 10}{24}$$

$$= \frac{5}{8}$$

答（サ）**5**　（シ）**8**

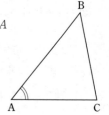

【参考】余弦定理

△ABC において，

　　$BC^2 = AB^2 + AC^2 - 2 \cdot AB \cdot AC \cdot \cos A$

が成り立つ。

　また，$\cos A$ について解くと，

$$\cos A = \frac{AB^2 + AC^2 - BC^2}{2 \cdot AB \cdot AC}$$

(6)　等差数列の初項を a，公差を d とすると，一般項 a_n は

$$a_n = a + (n-1)d$$

よって，

$$a_3 = a + 2d = -3 \quad \cdots\cdots ①$$

$$a_8 = a + 7d = 12 \quad \cdots\cdots ②$$

②−①より　$5d = 15$　なので　$d = 3$

①に代入すると　$a + 6 = -3$　より　$a = -9$

よって，一般項は

$$a_n = -9 + 3(n-1) = 3n - 12$$

だから，

$$a_{20} = 3 \cdot 20 - 12 = \mathbf{48}$$

答（ス）**4**　（セ）**8**

2　放物線　$y = x^2 + 4x - 3$　$\cdots\cdots ①$　について，次の問いに答えなさい。

(1)　放物線①の頂点は，点 ［ ア ］ である。

　　　［ ア ］ に最も適するものを下の選択肢から選び，番号で答えなさい。

〈選択肢〉

① (2, −7)	② (2, 1)	③ (−2, −7)	④ (−2, 1)
⑤ (4, −7)	⑥ (4, 1)	⑦ (−4, −7)	⑧ (−4, 1)

(2)　$-5 \leqq x \leqq 2$ のとき，y の

最大値は ［ イ ］

最小値は ［ ウ｜エ ］

である。

(3)　$a > 0$ とする。放物線①を x 軸方向に a だけ平行移動したグラフが点 $(-1, 2)$ を通るとき

$$a = ［ オ ］$$

である。

解 答

(1)
$$y = x^2 + 4x - 3$$
$$= (x+2)^2 - 2^2 - 3$$
$$= (x+2)^2 - 7$$

よって，放物線①の頂点は，点$(-2, -7)$

したがって，選択肢の③

<u>答 （ア）③</u>

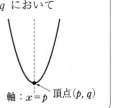

【参考】放物線の軸と頂点

放物線 $y = a(x-p)^2 + q$ において

軸は直線 $x = p$

頂点は 点(p, q)

である。

軸：$x = p$ 頂点(p, q)

(2) $-5 \leqq x \leqq 2$ のとき，放物線①のグラフは

右図の実線部分になるから，

$x = 2$ のとき， 最大値 **9**

$x = -2$ のとき，最小値 **−7**

となる。

<u>答 （イ）9 （ウ）− （エ）7</u>

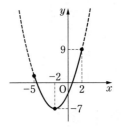

(3) 放物線①の頂点$(-2, -7)$ を x 軸方向に a だけ平行移動し

た点は，点$(-2+a, -7)$

これが移動後のグラフの頂点だから，そのグラフを表す式は，

$$y = \{x - (-2+a)\}^2 - 7$$

これが点$(-1, 2)$ を通るから，

$$2 = \{-1 - (-2+a)\}^2 - 7$$
$$2 = (1-a)^2 - 7$$

整理すると，

$$a^2 - 2a - 8 = 0$$
$$(a+2)(a-4) = 0$$

$a > 0$ より $a = 4$

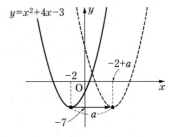

$y = x^2 + 4x - 3$

<u>答 （オ）4</u>

【別解】 グラフを x 軸方向に a だけ平行移動するから，

放物線 $y = x^2 + 4x - 3$ において，

x を $x - a$

に置き換えると，

$$y = (x-a)^2 + 4(x-a) - 3$$

これが点$(-1, 2)$ を通るから，

$$2 = (-1-a)^2 + 4(-1-a) - 3$$

整理すると，

$$a^2 - 2a - 8 = 0$$
$$(a+2)(a-4) = 0$$

$a > 0$ より $a = 4$

【参考】グラフの平行移動

関数 $y = f(x)$ のグラフを x 軸方向に p，

y 軸方向に q だけ平行移動したグラフを

表す方程式は，

$$y - q = f(x-p)$$

3 赤色，青色のカードが3枚ずつと黄色のカードが2枚ある。赤色，青色のカードには1から3までの番号が1つずつ，黄色のカードには1と2の番号が1つずつ書かれている。この8枚のカードから同時に2枚を取り出すとき，次の問いに答えなさい。

(1) 2枚のカードの取り出し方は全部で

$$\boxed{\text{ア}}\ \boxed{\text{イ}}\ \text{通り}$$

ある。

(2) 取り出した2枚のカードが同じ色である確率は

$$\frac{\boxed{\text{ウ}}}{\boxed{\text{エ}}}$$

である。

(3) 取り出した2枚のカードが色も番号も異なる確率は

$$\frac{\boxed{\text{オ}}}{\boxed{\text{カ}}}$$

である。

解 答

(1) 　赤1，赤2，赤3，青1，青2，青3，黄1，黄2 の8枚のカードがある。

この異なる8枚のカードの中から同時に2枚取り出す場合の数は，全部で

$$_8C_2 = \frac{8 \cdot 7}{2 \cdot 1} = 28 \ (\text{通り})$$

答（ア）**2** （イ）**8**

(2) 取り出した2枚のカードが同じ色であるのは，赤が2枚，青が2枚，黄が2枚の3つの場合があり，その取り出し方は，全部で

$$_3C_2 + _3C_2 + _2C_2 = 3+3+1 = 7 \ (\text{通り})$$

よって，求める確率は，

$$\frac{7}{28} = \frac{1}{4}$$

答（ウ）**1** （エ）**4**

(3) 取り出した2枚のカードが色も番号も異なる，すなわち，
「色が異なるかつ番号が異なる」という事象は，
「色が同じまたは番号が同じ」という事象の余事象である。

取り出した2枚のカードが同じ番号であるのは，1が2枚，2が2枚，3が2枚の場合があり，その取り出し方は，全部で

$$_3C_2 + _3C_2 + _2C_2 = 3+3+1 = 7 \ (\text{通り})$$

だから，その確率は

$$\frac{7}{28} = \frac{1}{4}$$

また，取り出した2枚のカードが同じ色である確率は，(2)より，$\dfrac{1}{4}$

取り出した2枚が色も番号も同じになることはないから，求める確率は，

$$1-\left(\frac{1}{4}+\frac{1}{4}\right)=\frac{1}{2}$$

答（オ）**1** （カ）**2**

【別解】 取り出した2枚のカードが色も番号も異
なる場合を樹形図を用いて書き出すと，
右の14通りあるから，求める確率は

$$\frac{14}{28}=\frac{1}{2}$$

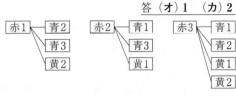

---

4 円 $x^2+y^2-4x+2y-20=0$ ……① と直線 $y=3$ ……② について，次の問いに答えなさい。

(1) 円①の中心の座標は

$$(\boxed{\ \text{ア}\ },\boxed{\ \text{イ}\ \text{ウ}\ })$$

である。

(2) 円①と直線②の交点を A，B とするとき

$$AB=\boxed{\ \text{エ}\ }$$

である。ただし，2つの交点のうち，x 座標の小さい方を A とする。

(3) (2)において，点 A における円①の接線と点 B における円①の接線の交点の座標は

$$\left(\boxed{\ \text{オ}\ },\ \frac{\boxed{\ \text{カ}\ \text{キ}\ }}{\boxed{\ \text{ク}\ }}\right)$$

である。

解答

(1) 円①の式を x，y のそれぞれについて平方完成すると，

$$x^2+y^2-4x+2y-20=0$$
$$(x-2)^2-4+(y+1)^2-1-20=0$$
$$(x-2)^2+(y+1)^2=5^2$$

よって，円の半径は5，中心の座標は $(2,\ -1)$

答（ア）**2** （イ）**-** （ウ）**1**

(2) 円①の式において，$y=3$ のとき，

$$x^2+9-4x+6-20=0$$
$$x^2-4x-5=0$$
$$(x+1)(x-5)=0$$
$$x=-1,\ 5$$

よって，点 A，点 B の座標は，A(-1, 3)，B(5, 3) である
から，

$$AB=5-(-1)=\textbf{6}$$

答（エ）**6**

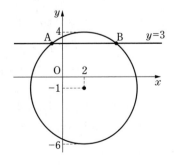

(3) 円の中心を C$(2, -1)$ とすると，直線 BC の傾きは，

$$\frac{3-(-1)}{5-2}=\frac{4}{3}$$

である。

　点 B における円①の接線は直線 BC と垂直に交わるから

その傾きは $-\dfrac{3}{4}$ である。

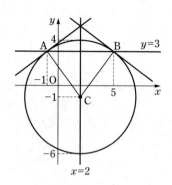

　B$(5, 3)$ を通り，傾きが $-\dfrac{3}{4}$ である直線の方程式は，

$$y-3=-\frac{3}{4}(x-5)$$

$$y=-\frac{3}{4}x+\frac{27}{4} \quad \cdots\cdots ③$$

　ここで，図形の対称性から，2つの接線の交点は
直線 $x=2$ 上にあるから，③の式に $x=2$ を代入
すると，

$$y=-\frac{3}{4}\cdot2+\frac{27}{4}=\frac{21}{4}$$

したがって，求める交点の座標は $\left(2, \dfrac{21}{4}\right)$

> 【参考】2直線の直交条件
>
> 　2直線 $y=m_1x+n_1$，$y=m_2x+n_2$ が
> 垂直に交わる（直交する）とき，傾きの
> 積は-1になる。すなわち，
>
> 　　　$m_1m_2=-1$

答 （オ）2　（カ）2　（キ）1　（ク）4

【別解】～連立方程式の利用～

　　点 B における円の接線を求めるのと同様に，点 A における円の接線を求め，2直線の交点
の座標を求めることもできる。

　　直線 AC の傾きは，

$$\frac{3-(-1)}{-1-2}=-\frac{4}{3}$$

　　点 A における円①の接線は直線 AC と垂直に交わるから，その傾きは$\dfrac{3}{4}$である。

　　A$(-1, 3)$を通り，傾きが$\dfrac{3}{4}$である直線の方程式は，

$$y-3=\frac{3}{4}(x+1)$$

$$y=\frac{3}{4}x+\frac{15}{4}$$

　　点 B における円の接線の方程式は，

$$y=-\frac{3}{4}x+\frac{27}{4}$$

　　この2式を連立方程式として解くと，

$$\frac{3}{4}x+\frac{15}{4}=-\frac{3}{4}x+\frac{27}{4}$$

より，

$$x=2, \quad y=\frac{21}{4}$$

すなわち，$\left(2, \dfrac{21}{4}\right)$

【(2), (3)の別解】～図形の性質の利用～

(2) 2点 A，B の中点を M とすると，△CBM は直角
三角形であり，CB=5，CM=3−(−1)=4 より，
$$BM=\sqrt{CB^2-CM^2}=\sqrt{5^2-4^2}=3$$
であるから，
$$AB=2BM=2\cdot3=\mathbf{6}$$

(3) 2つの接線の交点を P とすると，右図より，点 P
の x 座標は2である。

また，△CBM∽△BPM であるから，
$$CM:BM=BM:PM$$
$$4:3=3:PM$$
より，
$$PM=\frac{9}{4}$$
よって，点 P の y 座標は
$$OP=OM+MP=3+\frac{9}{4}=\frac{21}{4}$$

すなわち，$P\left(2, \dfrac{21}{4}\right)$

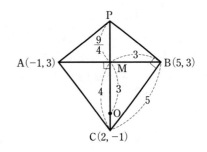

5 次の各問いに答えなさい。

(1) $0<\theta<\pi$ で，$\cos\theta=-\dfrac{3}{4}$ のとき

$$\sin\theta=\boxed{\ \text{ア}\ }，\tan\theta=\boxed{\ \text{イ}\ }，\sin2\theta=\boxed{\ \text{ウ}\ }$$

である。

$\boxed{\ \text{ア}\ }$，$\boxed{\ \text{イ}\ }$，$\boxed{\ \text{ウ}\ }$ に最も適するものを下の選択肢から選び，番号で答えなさい。

ただし，同じ番号を繰り返し用いてもよい。

〈選択肢〉

① $\dfrac{1}{4}$　　② $-\dfrac{1}{4}$　　③ $\dfrac{\sqrt{7}}{4}$　　④ $-\dfrac{\sqrt{7}}{4}$

⑤ $\dfrac{\sqrt{7}}{3}$　　⑥ $-\dfrac{\sqrt{7}}{3}$　　⑦ $-\dfrac{3\sqrt{7}}{8}$　　⑧ $-\dfrac{3\sqrt{7}}{16}$

(2) $2\sqrt{3}\sin\theta+2\cos\theta=\boxed{\ \text{エ}\ }\sin\left(\theta+\dfrac{\pi}{\boxed{\text{オ}}}\right)$

である。ただし，$0<\dfrac{\pi}{\boxed{\text{オ}}}<\pi$ とする。

(3) $0\leqq\theta\leqq\pi$ のとき，方程式 $\sin\left(\theta+\dfrac{\pi}{3}\right)=\dfrac{1}{\sqrt{2}}$ の解は

$$\theta=\dfrac{\boxed{\ \text{カ}\ }}{\boxed{\text{キ}}\ \boxed{\text{ク}}}\pi$$

である。

解 答

(1) $0<\theta<\pi$ より，$\sin\theta>0$ だから，

$$\sin\theta=\sqrt{1-\cos^2\theta}=\sqrt{1-\left(-\dfrac{3}{4}\right)^2}=\dfrac{\sqrt{7}}{4}\qquad（選択肢の③）$$

$$\tan\theta=\dfrac{\sin\theta}{\cos\theta}=\dfrac{\sqrt{7}}{4}\div\left(-\dfrac{3}{4}\right)=-\dfrac{\sqrt{7}}{3}\qquad（選択肢の⑥）$$

$$\sin2\theta=2\sin\theta\cos\theta=2\cdot\dfrac{\sqrt{7}}{4}\cdot\left(-\dfrac{3}{4}\right)$$

$$=-\dfrac{3\sqrt{7}}{8}\qquad（選択肢の⑦）$$

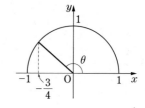

答（ア）③ （イ）⑥ （ウ）⑦

(2) $\sqrt{(2\sqrt{3})^2+2^2}=4$ より,

$$2\sqrt{3}\sin\theta+2\cos\theta$$
$$=4\left(\sin\theta\cdot\frac{\sqrt{3}}{2}+\cos\theta\cdot\frac{1}{2}\right)$$
$$=4\left(\sin\theta\cos\frac{\pi}{6}+\cos\theta\sin\frac{\pi}{6}\right)$$
$$=4\sin\left(\theta+\frac{\pi}{6}\right)$$

答 (エ) **4** (オ) **6**

【別解】 $P(2\sqrt{3},\ 2)$ とすると,

$$OP=\sqrt{(2\sqrt{3})^2+2^2}=4$$

線分 OP が x 軸の正の向きとなす角は $\dfrac{\pi}{6}$

よって,

$$2\sqrt{3}\sin\theta+2\cos\theta=4\sin\left(\theta+\frac{\pi}{6}\right)$$

【参考】三角関数の合成

$$a\sin\theta+b\cos\theta=\sqrt{a^2+b^2}\sin(\theta+\alpha)$$

ただし, α は下図のように,

$$\sin\alpha=\frac{b}{\sqrt{a^2+b^2}},$$
$$\cos\alpha=\frac{a}{\sqrt{a^2+b^2}}$$

を満たす角とする。

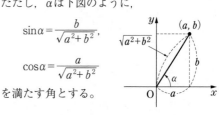

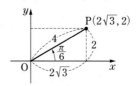

(3) $0\leqq\theta\leqq\pi$ より

$$\frac{\pi}{3}\leqq\theta+\frac{\pi}{3}\leqq\frac{4}{3}\pi \qquad \cdots\cdots\text{①}$$

ここで,

$$\sin\left(\theta+\frac{\pi}{3}\right)=\frac{1}{\sqrt{2}}$$

を満たすのは, 右図の太線部分が直線 $y=\dfrac{1}{\sqrt{2}}$ と

交わるときだから, ①より,

$$\theta+\frac{\pi}{3}=\frac{3}{4}\pi$$

よって,

$$\theta=\frac{3}{4}\pi-\frac{\pi}{3}=\frac{5}{12}\pi$$

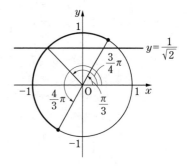

答 (カ) **5** (キ) **1** (ク) **2**

6 次の各問いに答えなさい。

(1) $\left(\dfrac{1}{\sqrt{3}}\right)^{-6} = \boxed{\text{ア}\ \text{イ}}$

である。

(2) $2\log_3 18 - \log_3 4 = \boxed{\ \text{ウ}\ }$

である。

(3) 不等式 $\log_2(x-2) + \log_2(7-x) > \log_2(10-2x)$ の解は

$\boxed{\ \text{エ}\ } < x < \boxed{\ \text{オ}\ }$

である。

解答

(1)
$$\left(\dfrac{1}{\sqrt{3}}\right)^{-6} = \left(\dfrac{1}{3^{\frac{1}{2}}}\right)^{-6} = (3^{-\frac{1}{2}})^{-6}$$
$$= 3^{-\frac{1}{2}\times(-6)}$$
$$= 3^3 = \mathbf{27}$$

答 （ア）**2** （イ）**7**

(2)
$$2\log_3 18 - \log_3 4 = \log_3 \dfrac{18^2}{4}$$
$$= \log_3 81 = \log_3 3^4$$
$$= \mathbf{4}$$

答 （ウ）**4**

(3)
$$\log_2(x-2) + \log_2(7-x) > \log_2(10-2x)$$
真数条件により，

$x-2>0$ かつ $7-x>0$ かつ

$10-2x>0$

これより， $2<x<5$ ……①

不等式は，

$$\log_2(x-2)(7-x) > \log_2(10-2x)$$
底 $2>1$ より，
$$(x-2)(7-x) > 10-2x$$
$$-x^2+9x-14 > 10-2x$$
$$x^2-11x+24 < 0$$
$$(x-3)(x-8) < 0$$
$$3<x<8 \quad ……②$$

①，②の共通部分を求めると，

$$3<x<5$$

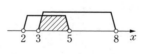

答 （エ）**3** （オ）**5**

【参考】 有理数の指数・指数法則

$a>0$, $b>0$, m, n は正の整数，
r, s は有理数とするとき，

- $a^{\frac{1}{n}} = \sqrt[n]{a}$
- $a^{\frac{m}{n}} = (\sqrt[n]{a})^m = \sqrt[n]{a^m}$
- $a^r a^s = a^{r+s}$
- $(a^r)^s = a^{rs}$
- $(ab)^r = a^r b^r$
- $a^{-r} = \dfrac{1}{a^r}$

【参考】 対数の性質・真数条件

$a>0$, $a \neq 1$, $M>0$ とするとき，

$$a^p = M \iff \log_a M = p$$

このとき，a を対数の底，M を真数という。

また，$x>0$, $y>0$, k を実数とするとき，以下の式が成り立つ。

和： $\log_a x + \log_a y = \log_a xy$

差： $\log_a x - \log_a y = \log_a \dfrac{x}{y}$

定数倍： $k\log_a x = \log_a x^k$

底の変換： $\log_x y = \dfrac{\log_a y}{\log_a x}$

（ただし，$x \neq 1$）

【参考】 対数の底の範囲と不等式

$a>1$ のとき，
$$\log_a x > \log_a y \iff x > y$$
$0<a<1$ のとき，
$$\log_a x > \log_a y \iff x < y$$

$\boxed{7}$ 次の各問いに答えなさい。

(1) 関数 $y=\dfrac{1}{3}x^3-2x^2+3x$ は

極大値 $\dfrac{\boxed{ア}}{\boxed{イ}}$

をとる。

(2) 放物線 $y=x^2-4x+4$ ……① について

(i) 放物線①上の x 座標が4である点Pにおける接線 l の方程式は

$y=\boxed{ウ}x-\boxed{エ}\boxed{オ}$

である。

(ii) (i)の接線 l と放物線①および x 軸によって囲まれた部分の面積は

$\dfrac{\boxed{カ}}{\boxed{キ}}$

である。

解 答

(1) $f(x)=\dfrac{1}{3}x^3-2x^2+3x$ とおく。

$$f'(x)=x^2-4x+3=(x-1)(x-3)$$

より，$f'(x)=0$ となるのは，$x=1$，3 のときであるから，$f(x)$ の増減表は次のようになる。

x	$\cdots$	1	$\cdots$	3	$\cdots$
$f'(x)$	+	0	−	0	+
$f(x)$	↗	極大	↘	極小	↗

よって，関数 $y=f(x)$ は，$x=1$ のとき極大値をとり，その値は，

$$f(1)=\dfrac{1}{3}-2+3=\dfrac{4}{3}$$

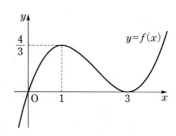

答 (ア) 4 (イ) 3

(2) $f(x)=x^2-4x+4$ とおく。

(i) $f'(x)=2x-4$ より，

$$f'(4)=2\cdot4-4=4$$

また，$f(4)=4^2-4\cdot4+4=4$ より，

点Pの座標は $(4,\ 4)$

よって，接線 l は，傾き4で点P$(4,\ 4)$ を通る直線なので，

$$y-4=4(x-4)$$
$$y=4x-12$$

【参考】接線の方程式

関数 $y=f(x)$ のグラフ上の点 $(a,\ f(a))$ における接線の方程式は

$$y-f(a)=f'(a)(x-a)$$

答 (ウ) 4 (エ) 1 (オ) 2

(ii)　$y = x^2 - 4x + 4 = (x-2)^2$ より，放物線は図のようになる。

接線 l と x 軸との交点の x 座標は，

$$4x - 12 = 0$$

より

$$x = 3$$

よって，求める斜線部分の面積は，

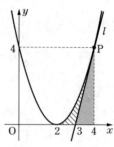

$$\int_2^4 (x^2 - 4x + 4)\,dx - \underbrace{\frac{1}{2} \cdot 1 \cdot 4}_{\text{影をつけた三角形の面積}}$$

$$= \left[\frac{x^3}{3} - 2x^2 + 4x \right]_2^4 - 2$$

$$= \left(\frac{64}{3} - 32 + 16 \right) - \left(\frac{8}{3} - 8 + 8 \right) - 2$$

$$= \frac{2}{3}$$

答（カ）**2**　（キ）**3**

【別解】　上記(ii)では，放物線と x 軸と直線 $x=4$ で囲まれた部分から，三角形の面積を引いて求めたが，右の図のように，$x=3$ の直線で2つの部分に分けて計算してもよい。

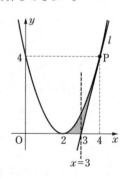

$$\int_2^3 (x^2 - 4x + 4)\,dx + \int_3^4 \{(x^2 - 4x + 4) - (4x - 12)\}\,dx$$

$$= \int_2^3 (x^2 - 4x + 4)\,dx + \int_3^4 \{(x^2 - 8x + 16)\}\,dx$$

$$= \left[\frac{x^3}{3} - 2x^2 + 4x \right]_2^3 + \left[\frac{x^3}{3} - 4x^2 + 16x \right]_3^4$$

$$= \left\{ (9 - 18 + 12) - \left(\frac{8}{3} - 8 + 8 \right) \right\}$$

$$\quad + \left\{ \left(\frac{64}{3} - 64 + 64 \right) - (9 - 36 + 48) \right\}$$

$$= \frac{2}{3}$$

― 204 ―

8 次の各問いに答えなさい。

(1) 2つのベクトル $\vec{a}=(-1,\ -1)$, $\vec{b}=(-2,\ 5)$ について

$$\vec{a}\cdot\vec{b}=\boxed{\text{ア}\,\text{イ}}, \quad |\vec{a}+\vec{b}|=\boxed{\text{ウ}}$$

である。

また，2つのベクトル $\vec{a}$ と $\vec{a}+t\vec{b}$（t は実数）が垂直であるとき

$$t=\frac{\boxed{\text{エ}}}{\boxed{\text{オ}}}$$

である。

(2) 右の図のような平行四辺形 ABCD において，辺 AB の中点を E，辺 BC の中点を F とし，線分 AF と線分 DE の交点を P とする。このとき，$\overrightarrow{\text{AP}}$ を $\overrightarrow{\text{AB}}$ と $\overrightarrow{\text{AD}}$ を用いて表すと

$$\overrightarrow{\text{AP}}=\frac{\boxed{\text{カ}}}{\boxed{\text{キ}}}\overrightarrow{\text{AB}}+\frac{\boxed{\text{ク}}}{\boxed{\text{キ}}}\overrightarrow{\text{AD}}$$

である。

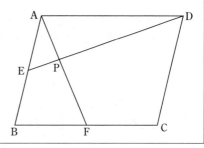

〔解 答〕

(1) $\vec{a}=(-1,\ -1)$, $\vec{b}=(-2,\ 5)$ について，

$$\vec{a}\cdot\vec{b}=(-1)\times(-2)+(-1)\times5=\boldsymbol{-3}$$

$\vec{a}+\vec{b}=(-1,\ -1)+(-2,\ 5)=(-3,\ 4)$ より，

$$|\vec{a}+\vec{b}|=\sqrt{(-3)^2+4^2}=\boldsymbol{5}$$

また，

$$\vec{a}+t\vec{b}=(-1,\ -1)+t(-2,\ 5)$$
$$=(-1-2t,\ -1+5t)$$

$\vec{a}$ と $\vec{a}+t\vec{b}$ が垂直だから，

$$\vec{a}\cdot(\vec{a}+t\vec{b})=0$$
$$(-1)\times(-1-2t)+(-1)\times(-1+5t)=0$$
$$2-3t=0$$
$$t=\frac{\boldsymbol{2}}{\boldsymbol{3}}$$

【参考】ベクトルの大きさ，内積

$\vec{a}=(a_1,\ a_2)$, $\vec{b}=(b_1,\ b_2)$ のとき，
$\vec{a}$ の大きさ $|\vec{a}|$ は，
$$|\vec{a}|=\sqrt{a_1^2+a_2^2}$$
内積 $\vec{a}\cdot\vec{b}$ は，
$$\vec{a}\cdot\vec{b}=a_1b_1+a_2b_2$$

【参考】ベクトルの垂直と内積

$\vec{a}\neq\vec{0}$, $\vec{b}\neq\vec{0}$ のとき，
$$\vec{a}\perp\vec{b} \iff \vec{a}\cdot\vec{b}=0$$

答 （ア）$-$ （イ）3 （ウ）5 （エ）2 （オ）3

(2) $\overrightarrow{\text{AP}}$ を2通りの方法で表す。

まず，2点 E，F はそれぞれ辺 AB，BC の中点だから，

$$\overrightarrow{\text{AE}}=\frac{1}{2}\overrightarrow{\text{AB}}$$

$$\overrightarrow{\text{AF}}=\overrightarrow{\text{AB}}+\frac{1}{2}\overrightarrow{\text{AD}}$$

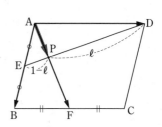

ここで，点 P は直線 AF 上の点だから，k を実数とすると，

$$\overrightarrow{AP} = k\overrightarrow{AF}$$

$$= k\overrightarrow{AB} + \frac{k}{2}\overrightarrow{AD} \quad \cdots\cdots ①$$

と表せる。

次に，点 P は直線 DE 上の点だから，ℓ を実数とすると，

$$\overrightarrow{AP} = \ell\,\overrightarrow{AE} + (1-\ell)\overrightarrow{AD}$$

$$= \frac{\ell}{2}\overrightarrow{AB} + (1-\ell)\overrightarrow{AD} \quad \cdots\cdots ②$$

と表せる。

$\overrightarrow{AB} \neq \vec{0}$ と $\overrightarrow{AD} \neq \vec{0}$ で，$\overrightarrow{AB}$ と $\overrightarrow{AD}$ は平行でないから，
①と②の $\overrightarrow{AB}$ と $\overrightarrow{AD}$ の係数はそれぞれ一致する。すなわち，

$$\begin{cases} k = \dfrac{\ell}{2} \\ \dfrac{k}{2} = 1 - \ell \end{cases}$$

これを解くと，$k = \dfrac{2}{5}$，$\ell = \dfrac{4}{5}$

したがって，①より，$\quad \overrightarrow{AP} = \dfrac{2}{5}\overrightarrow{AB} + \dfrac{1}{5}\overrightarrow{AD}$

答（カ）2 （キ）5 （ク）1

【参考】直線上の点の位置ベクトル

右図の △OAB において，

① 点 P が直線 AB 上にあるとき，
$$\overrightarrow{OP} = s\overrightarrow{OA} + (1-s)\overrightarrow{OB} \quad (s は実数)$$
と表せる。

すなわち，$\overrightarrow{OA}$ と $\overrightarrow{OB}$ の係数の和が1となる。

② 点 Q が直線 OA 上にあるとき，
$$\overrightarrow{OQ} = k\overrightarrow{OA} \quad (k は実数)$$

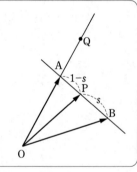

【参考】平面ベクトルの一次独立

平面上の2つのベクトル $\vec{a}$ と $\vec{b}$ が
どちらも $\vec{0}$ でなく，また平行でないとき，
$\vec{a}$ と $\vec{b}$ は一次独立であるという。

このとき，任意の平面上のベクトル $\vec{p}$ は，
実数 s，t を用いて，
$$\vec{p} = s\vec{a} + t\vec{b}$$
と表せる。また，その表し方は1通りである。

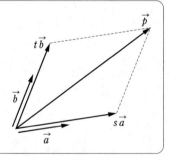

【別解1】　$\overrightarrow{\mathrm{AF}} = \overrightarrow{\mathrm{AB}} + \dfrac{1}{2}\overrightarrow{\mathrm{AD}} = 2\overrightarrow{\mathrm{AE}} + \dfrac{1}{2}\overrightarrow{\mathrm{AD}}$

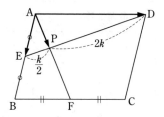

ここで，点Pは線分AF上の点だから，kを実数とすると，

$$\overrightarrow{\mathrm{AP}} = k\overrightarrow{\mathrm{AF}}$$

$$= 2k\overrightarrow{\mathrm{AE}} + \dfrac{k}{2}\overrightarrow{\mathrm{AD}}$$

と表せる。

また，点Pは線分DE上の点だから，

$$2k + \dfrac{k}{2} = 1$$

$$\dfrac{5}{2}k = 1$$

$$k = \dfrac{2}{5}$$

これより，

$$\overrightarrow{\mathrm{AP}} = \dfrac{2}{5} \cdot 2\overrightarrow{\mathrm{AE}} + \dfrac{2}{5} \cdot \dfrac{1}{2}\overrightarrow{\mathrm{AD}}$$

$$= \dfrac{2}{5}\overrightarrow{\mathrm{AB}} + \dfrac{1}{5}\overrightarrow{\mathrm{AD}}$$

【別解2】〜図形の性質の利用〜

　　右図のように，直線 DE と直線 BC の交点を Q とする。

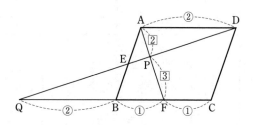

　　F は辺 BC の中点だから，

　　　　AD = BC = 2BF

　　また，AE : EB = 1 : 1 より

　　　　AD : BQ = 1 : 1

だから，

　　　　BQ = AD = 2BF

　　よって，

　　　　AP : PF = AD : FQ = 2 : 3

　　すなわち，

$$\overrightarrow{\mathrm{AP}} = \dfrac{2}{5}\overrightarrow{\mathrm{AF}}$$

ここで，

$$\overrightarrow{\mathrm{AF}} = \overrightarrow{\mathrm{AB}} + \dfrac{1}{2}\overrightarrow{\mathrm{AD}}$$

より，

$$\overrightarrow{\mathrm{AP}} = \dfrac{2}{5}\overrightarrow{\mathrm{AB}} + \dfrac{1}{5}\overrightarrow{\mathrm{AD}}$$

数学　9月実施　文系　　正解と配点 (70分，100点満点)

問題番号	設問	設問	正解	配点
1	(1)	ア	4	2
		イ	1	2
		ウ	8	
	(2)	エ	4	4
		オ	7	
	(3)	カ	8	4
		キ	9	
	(4)	ク	5	4
		ケ	2	
		コ	9	
	(5)	サ	5	4
		シ	8	
	(6)	ス	4	4
		セ	8	
2	(1)	ア	③	3
	(2)	イ	9	2
		ウ	—	2
		エ	7	
	(3)	オ	4	4
3	(1)	ア	2	3
		イ	8	
	(2)	ウ	1	4
		エ	4	
	(3)	オ	1	4
		カ	2	
4	(1)	ア	2	3
		イ	—	
		ウ	1	
	(2)	エ	6	4
	(3)	オ	2	4
		カ	2	
		キ	1	
		ク	4	

問題番号	設問	設問	正解	配点
5	(1)	ア	③	2
		イ	⑥	2
		ウ	⑦	2
	(2)	エ	4	2
		オ	6	
	(3)	カ	5	3
		キ	1	
		ク	2	
6	(1)	ア	2	3
		イ	7	
	(2)	ウ	4	4
	(3)	エ	3	4
		オ	5	
7	(1)	ア	4	3
		イ	3	
	(2)	ウ	4	3
		エ	1	
		オ	2	
		カ	2	4
		キ	3	
8	(1)	ア	—	2
		イ	3	
		ウ	5	2
		エ	2	3
		オ	3	
	(2)	カ	2	4
		キ	5	
		ク	1	

1 次の各問いに答えなさい。ただし，(3), (8)の i は虚数単位とする。

(1) 2次関数 $y=3x^2-6x-1$ のグラフを x 軸方向に -2, y 軸方向に 8 だけ平行移動したグラフを表す式は

$$y=3x^2+\boxed{\text{ア}}\,x+\boxed{\text{イ}}$$

である。

(2) △ABC において，BC $=6$, ∠B $=45°$, ∠C $=75°$ であるとき，△ABC の外接円の半径は

$$\boxed{\text{ウ}}\sqrt{\boxed{\text{エ}}}$$

である。

(3) $\dfrac{3}{2-i}-\dfrac{7+i}{5i}=\boxed{\text{オ}}+\boxed{\text{カ}}\,i$

である。

(4) 2次方程式 $2x^2+12x+3=0$ の2つの解を α, β とするとき

$$\dfrac{\beta}{\alpha}+\dfrac{\alpha}{\beta}=\boxed{\text{キ}\,\text{ク}}$$

である。

(5) 点 $(-2, 3)$ を中心とし，直線 $3x-y-11=0$ に接する円の方程式は

$$x^2+y^2+\boxed{\text{ケ}}\,x-\boxed{\text{コ}}\,y-\boxed{\text{サ}\,\text{シ}}=0$$

である。

(6) $\cos\theta=-\dfrac{\sqrt{7}}{3}$ のとき

$$\cos 2\theta=\dfrac{\boxed{\text{ス}}}{\boxed{\text{セ}}}$$

である。

(7) 双曲線 $\dfrac{x^2}{7}-\dfrac{y^2}{9}=-1$ の焦点の座標は $\boxed{\text{ソ}}$ である。

$\boxed{\text{ソ}}$ に最も適するものを下の選択肢から選び，番号で答えなさい。

――〈選択肢〉――
① $(\sqrt{2}, 0)$, $(-\sqrt{2}, 0)$ 　②　$(2, 0)$, $(-2, 0)$
③ $(4, 0)$, $(-4, 0)$ 　④　$(16, 0)$, $(-16, 0)$
⑤ $(0, \sqrt{2})$, $(0, -\sqrt{2})$ 　⑥　$(0, 2)$, $(0, -2)$
⑦ $(0, 4)$, $(0, -4)$ 　⑧　$(0, 16)$, $(0, -16)$

(8) $z=\sqrt{2}\left(\cos\dfrac{\pi}{4}+i\sin\dfrac{\pi}{4}\right)$ のとき

$$z^7=\boxed{\text{タ}}-\boxed{\text{チ}}\,i$$

である。

― 209 ―

(1)

$$y = 3x^2 - 6x - 1$$
$$= 3(x^2 - 2x) - 1$$
$$= 3\{(x-1)^2 - 1\} - 1$$
$$= 3(x-1)^2 - 4$$

よって，グラフの頂点は，点 $(1, -4)$

このグラフの頂点を x 軸方向に -2，

y 軸方向に 8 だけ平行移動すると，

$$x \text{座標} : 1 - 2 = -1 \qquad y \text{座標} : -4 + 8 = 4$$

すなわち，頂点は 点 $(-1, 4)$ に移る。

よって，移動後のグラフを表す式は，

$$y = 3(x+1)^2 + 4$$
$$= 3x^2 + \mathbf{6}x + \mathbf{7}$$

【参考】放物線の軸と頂点

放物線 $y = a(x-p)^2 + q$ において，

　　軸は直線 $x = p$

　　頂点は 点 (p, q)

である。

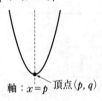

軸 : $x = p$　頂点 (p, q)

答 （ア）**6** （イ）**7**

【別解】　x 軸方向に -2，y 軸方向に 8 だけ

　　　　平行移動するから，

　　　　放物線 $y = 3x^2 - 6x - 1$ において，

　　　　　　　x を $x+2$，y を $y-8$

　　　　に置き換えると，

$$y - 8 = 3(x+2)^2 - 6(x+2) - 1$$
$$y = 3x^2 + 12x + 12 - 6x - 12 - 1 + 8$$
$$y = 3x^2 + \mathbf{6}x + \mathbf{7}$$

【参考】グラフの平行移動

　関数 $y = f(x)$ のグラフを x 軸方向に p，

y 軸方向に q だけ平行移動したグラフを

表す方程式は，

$$y - q = f(x - p)$$

(2)　　　$\angle A = 180° - (45° + 75°) = 60°$

よって，$\triangle ABC$ の外接円の半径を R とすると，正弦定理より，

$$\frac{BC}{\sin A} = 2R$$

すなわち，

$$R = \frac{1}{2} \times \frac{6}{\sin 60°} = \frac{6}{2 \cdot \frac{\sqrt{3}}{2}}$$

$$= \frac{6}{\sqrt{3}} = \mathbf{2\sqrt{3}}$$

答 （ウ）**2** （エ）**3**

【参考】正弦定理

　$\triangle ABC$ において，外接円の

半径を R とするとき，

$$\frac{a}{\sin A} = \frac{b}{\sin B} = \frac{c}{\sin C} = 2R$$

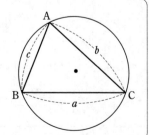

(3)　$\dfrac{3}{2-i}-\dfrac{7+i}{5i}=\dfrac{3}{2-i}\times\dfrac{2+i}{2+i}-\dfrac{7+i}{5i}\times\dfrac{i}{i}$

$=\dfrac{3(2+i)}{4-i^2}-\dfrac{7i+i^2}{5i^2}=\dfrac{6+3i}{4+1}-\dfrac{7i-1}{-5}$

$=\dfrac{6+3i}{5}+\dfrac{7i-1}{5}=\dfrac{(6+3i)+(7i-1)}{5}$

$=\dfrac{5+10i}{5}=\dfrac{5(1+2i)}{5}=\boldsymbol{1+2i}$

答　（オ）**1**　（カ）**2**

【参考】解と係数の関係

　2次方程式 $ax^2+bx+c=0$ の
解が $x=\alpha,\ \beta$ のとき，

$\alpha+\beta=-\dfrac{b}{a}$

$\alpha\beta=\dfrac{c}{a}$

が成り立つ。

(4)　2次方程式 $2x^2+12x+3=0$ の2つの解が α，β だから，
解と係数の関係より，

$\alpha+\beta=-\dfrac{12}{2}=-6,\quad \alpha\beta=\dfrac{3}{2}$

よって，

$\dfrac{\beta}{\alpha}+\dfrac{\alpha}{\beta}=\dfrac{\beta^2+\alpha^2}{\alpha\beta}=\dfrac{(\alpha+\beta)^2-2\alpha\beta}{\alpha\beta}$

$=\dfrac{(-6)^2-2\cdot\dfrac{3}{2}}{\dfrac{3}{2}}=\boldsymbol{22}$

答　（キ）**2**　（ク）**2**

(5)　点 $(-2,\ 3)$ と直線 $3x-y-11=0$ との距離を d とすると，

$d=\dfrac{|3\cdot(-2)+(-1)\cdot3-11|}{\sqrt{3^2+(-1)^2}}=\dfrac{20}{\sqrt{10}}=2\sqrt{10}$

求める円の方程式は，中心が点 $(-2,\ 3)$，半径が $2\sqrt{10}$ で
あるから，

$(x+2)^2+(y-3)^2=(2\sqrt{10})^2$

$x^2+4x+4+y^2-6y+9=40$

$x^2+y^2+4x-6y-27=0$

【参考】点と直線の距離

　直線 $ax+by+c=0$ と
点 $(p,\ q)$ との距離 d は

$d=\dfrac{|ap+bq+c|}{\sqrt{a^2+b^2}}$

答　（ケ）**4**　（コ）**6**　（サ）**2**　（シ）**7**

(6)　2倍角の公式より，

$\cos2\theta=2\cos^2\theta-1$

$=2\left(-\dfrac{\sqrt{7}}{3}\right)^2-1$

$=\dfrac{14}{9}-1=\dfrac{\boldsymbol{5}}{\boldsymbol{9}}$

答　（ス）**5**　（セ）**9**

【参考】2倍角の公式

$\sin2\theta=2\sin\theta\cos\theta$

$\cos2\theta=\cos^2\theta-\sin^2\theta$

$=1-2\sin^2\theta$

$=2\cos^2\theta-1$

$\tan2\theta=\dfrac{2\tan\theta}{1-\tan^2\theta}$

(7) 双曲線 $\dfrac{x^2}{7} - \dfrac{y^2}{9} = -1$ の焦点の座標は,

$$2点 \ (0, \ \sqrt{7+9}), \ (0, \ -\sqrt{7+9})$$

だから,

$$(0, \ 4), \ (0, \ -4)$$

となり, 選択肢の⑦

答 (ソ) ⑦

┌─**【参考】双曲線の焦点**─────────────

[1] $\dfrac{x^2}{a^2} - \dfrac{y^2}{b^2} = 1$ $(a>0, \ b>0)$ の焦点の座標は,

$$(\sqrt{a^2+b^2}, \ 0), \ (-\sqrt{a^2+b^2}, \ 0)$$

[2] $\dfrac{x^2}{a^2} - \dfrac{y^2}{b^2} = -1$ $(a>0, \ b>0)$ の焦点の座標は,

$$(0, \ \sqrt{a^2+b^2}), \ (0, \ -\sqrt{a^2+b^2})$$

─────────────────────────────

(8) $z = \sqrt{2}\left(\cos\dfrac{\pi}{4} + i\sin\dfrac{\pi}{4}\right)$

ド・モアブルの定理より

$$z^7 = (\sqrt{2})^7\left(\cos\dfrac{\pi}{4} + i\sin\dfrac{\pi}{4}\right)^7$$

$$= 8\sqrt{2}\left(\cos\dfrac{7}{4}\pi + i\sin\dfrac{7}{4}\pi\right)$$

$$= 8\sqrt{2}\left(\dfrac{1}{\sqrt{2}} - \dfrac{1}{\sqrt{2}}i\right)$$

$$= 8 - 8i$$

┌─**【参考】ド・モアブルの定理**─────────

複素数 $z = r(\cos\theta + i\sin\theta)$ について,

n を整数とするとき,

$$z^n = \{r(\cos\theta + i\sin\theta)\}^n$$

$$= r^n(\cos n\theta + i\sin n\theta)$$

─────────────────────────────

答 (タ) 8 (チ) 8

2 次の各問いに答えなさい。

(1) 右の度数分布表は，8月1日から8月31日までの31日間において，Aさんの1日あたりのスマートフォンの使用時間(分)を記録し，そのデータをまとめたものである。このデータから作った箱ひげ図は ア である。

ア に最も適するものを下の選択肢から選び，番号で答えなさい。

スマートフォンの使用時間

使用時間(分)	日数(日)
0以上〜20未満	5
20〜40	4
40〜60	6
60〜80	8
80〜100	6
100〜120	2
計	31

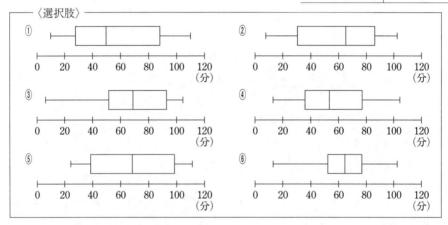

〈選択肢〉

(2) 667と1073の最大公約数は イ ウ である。

(3) 等式 $xy - 2x + 5y - 1 = 0$ を満たす整数 x, y の組は，全部で エ 組ある。

解 答

(1) 度数分布表より，最小値は0分以上20分未満，最大値は100分以上120分未満である。

また，31日分のデータだから，第1四分位数は小さい方から8番目，中央値は小さい方から16番目，第3四分位数は小さい方から24番目のデータである。

したがって，

第1四分位数の8番目の値は，$5 + 4 = 9$ より，20分以上40分未満

中央値の16番目の値は，$5 + 4 + 6 = 15$，$5 + 4 + 6 + 8 = 23$ より，60分以上80分未満

第3四分位数の24番目の値は，$5 + 4 + 6 + 8 + 6 = 29$ より，80分以上100分未満

である。

これらをすべて満たす箱ひげ図は，選択肢の②

答（ア）②

(2) ユークリッドの互除法より，

$$1073 = 667 \times 1 + 406$$
$$667 = 406 \times 1 + 261$$
$$406 = 261 \times 1 + 145$$
$$261 = 145 \times 1 + 116$$
$$145 = 116 \times 1 + 29$$
$$116 = 29 \times 4$$

よって，667 と 1073 の最大公約数は **29**

答 **(イ) 2　(ウ) 9**

【参考】ユークリッドの互除法

2 つの正の整数 a, b において，a を b で割ったときの商を q, 余りを r とすると，

$r \neq 0$ のとき
　a と b の最大公約数は，
　b と r の最大公約数に等しい。

$r = 0$ のとき
　a と b の最大公約数は b である。

(3) 与式を積の形に変形する。

$$xy - 2x + 5y - 1 = 0$$
$$(x+5)(y-2) + 10 - 1 = 0$$
$$(x+5)(y-2) = -9$$

$x+5$, $y-2$ は整数だから，積が -9 になる組み合わせをまとめると，

$x+5$	1	3	9	-1	-3	-9
$y-2$	-9	-3	-1	9	3	1

これを，x と y について整理すると，

x	-4	-2	4	-6	-8	-14
y	-7	-1	1	11	5	3

すなわち，

$$(x, y) = (-4, -7), (-2, -1), (4, 1), (-6, 11), (-8, 5), (-14, 3)$$

の **6** 組ある。

答 **(エ) 6**

3 1回目に1個のさいころを投げ，1から4の目が出たら，2回目は2個のさいころを同時に投げる。1回目に5または6の目が出たら，2回目は1個のさいころを投げる。1回目，2回目に出たすべての目の和を得点 X とするとき，次の問いに答えなさい。

(1) 得点 X のとり得る値は全部で

$$\boxed{ア}\boxed{イ} \text{ 通り}$$

ある。

(2) $X=8$ となる確率は

$$\frac{\boxed{ウ}}{\boxed{エ}\boxed{オ}}$$

である。

(3) $X=8$ であるとき，1回目に3の目が出ていた条件付き確率は

$$\frac{\boxed{カ}}{\boxed{キ}\boxed{ク}}$$

である。

解　答

(1) 1回目のさいころの目を a，2回目のさいころの目または目の和を b とすると，

$$X = a + b$$

$1 \le a \le 4$ のとき，$2 \le b \le 12$ だから，

$$3 \le a + b \le 16$$

$5 \le a \le 6$ のとき，$1 \le b \le 6$ だから，

$$6 \le a + b \le 12$$

よって，X のとり得る値は，

$$3 \le X \le 16$$

すなわち，3から16までの**14通り**

答（**ア**）**1**（**イ**）**4**

(2) 2回目の，さいころを2個投げたときの目の和の出方については，右のようにまとめられる。

したがって，$X=8$ となる (a, b) の組み合わせとその確率は，次のようになる。

$(a, b) = (1, 7)$ …… $\dfrac{1}{6} \times \dfrac{6}{36} = \dfrac{6}{216}$

$(a, b) = (2, 6)$ …… $\dfrac{1}{6} \times \dfrac{5}{36} = \dfrac{5}{216}$

$(a, b) = (3, 5)$ …… $\dfrac{1}{6} \times \dfrac{4}{36} = \dfrac{4}{216}$

$(a, b) = (4, 4)$ …… $\dfrac{1}{6} \times \dfrac{3}{36} = \dfrac{3}{216}$

$(a, b) = (5, 3)$ …… $\dfrac{1}{6} \times \dfrac{1}{6} = \dfrac{1}{36}$

	1	2	3	4	5	6
1	2	3	4	5	6	7
2	3	4	5	6	7	8
3	4	5	6	7	8	9
4	5	6	7	8	9	10
5	6	7	8	9	10	11
6	7	8	9	10	11	12

$$(a,\ b)=(6,\ 2)\ \cdots\cdots\ \frac{1}{6}\times\frac{1}{6}=\frac{1}{36}$$

これらは同時に起こらないから,

$$\frac{6}{216}+\frac{5}{216}+\frac{4}{216}+\frac{3}{216}+\frac{1}{36}+\frac{1}{36}=\frac{5}{36}$$

答 (ウ) 5 (エ) 3 (オ) 6

(3) 「$X=8$ である」という事象を E,

「1回目に3の目が出る」という事象を F とすると,

事象 $E\cap F$ は $(a,\ b)=(3,\ 5)$ となるときだから,

(2)より,

$$P(E)=\frac{5}{36},\ \ P(E\cap F)=\frac{4}{216}=\frac{1}{54}$$

したがって,求める条件付き確率 $P_E(F)$ は,

$$P_E(F)=\frac{P(E\cap F)}{P(E)}=\frac{1}{54}\div\frac{5}{36}=\frac{2}{15}$$

答 (カ) 2 (キ) 1 (ク) 5

> 【参考】条件付き確率
>
> 全事象 U において,事象 E が起こったときに事象 F が起こる確率を,E が起こったときの F が起こる条件付き確率といい,$P_E(F)$ と表す。その確率は
> $$P_E(F)=\frac{P(E\cap F)}{P(E)}$$
> である。

---

4 次の各問いに答えなさい。

(1) 3次関数 $y=-2x^3+6x^2+48x+50$ について

極小値は $\boxed{ア}\boxed{イ}$

である。

(2) 放物線 $y=x^2$ ……① に点 $(1,\ -3)$ から2本の接線を引くとき,それぞれの接線の傾きは

$\boxed{ウ}\boxed{エ}$,$\boxed{オ}$

である。

また,放物線①とこの2本の接線で囲まれた部分の面積は

$\dfrac{\boxed{カ}\boxed{キ}}{\boxed{ク}}$

である。

解答

(1) $f(x)=-2x^3+6x^2+48x+50$ とおく。

$$\begin{aligned}
f'(x)&=-6x^2+12x+48\\
&=-6(x^2-2x-8)\\
&=-6(x+2)(x-4)
\end{aligned}$$

より,$f'(x)=0$ となるのは,$x=-2,\ 4$ のときであるから,$f(x)$ の増減表は次のようになる。

x	$\cdots$	-2	$\cdots$	4	$\cdots$
$f'(x)$	$-$	0	$+$	0	$-$
$f(x)$	$\searrow$	極小	$\nearrow$	極大	$\searrow$

よって,関数 $y=f(x)$ は,$x=-2$ のとき極小値をとり,

その値は，

$$f(-2) = -2 \cdot (-2)^3 + 6 \cdot (-2)^2 + 48 \cdot (-2) + 50$$
$$= 16 + 24 - 96 + 50 = \boldsymbol{-6}$$

(2)　$f(x) = x^2$ とおくと，$f'(x) = 2x$

接点の座標を $(t, \ t^2)$ とすると，

接線の傾きは $f'(t) = 2t$ だから，

接線の方程式は，

$$y - t^2 = 2t(x - t)$$
$$y = 2tx - t^2$$

これが点$(1, \ -3)$ を通るから，

$$-3 = 2t \cdot 1 - t^2$$
$$t^2 - 2t - 3 = 0$$
$$(t+1)(t-3) = 0$$
$$t = -1, \ 3$$

よって，接線の傾きは，　$\boldsymbol{-2, \ 6}$

また，$t = -1$ のとき

　　点$(-1, \ 1)$ における接線の方程式は　$y = -2x - 1$

$t = 3$ のとき

　　点$(3, \ 9)$ における接線の方程式は　$y = 6x - 9$

これより，求める面積は，

$$\int_{-1}^{1} \{x^2 - (-2x-1)\} dx + \int_{1}^{3} \{x^2 - (6x-9)\} dx$$

$$= \int_{-1}^{1} (x+1)^2 dx + \int_{1}^{3} (x-3)^2 dx$$

$$= \left[\frac{(x+1)^3}{3} \right]_{-1}^{1} + \left[\frac{(x-3)^3}{3} \right]_{1}^{3}$$

$$= \left(\frac{8}{3} - 0 \right) + \left(0 - \frac{-8}{3} \right)$$

$$= \frac{8}{3} + \frac{8}{3} = \boldsymbol{\frac{16}{3}}$$

答 （ウ）－　（エ）2　（オ）6　（カ）1　（キ）6　（ク）3

【参考】接線の方程式

関数 $y = f(x)$ のグラフ上の点$(a, f(a))$ における接線の方程式は

$$y - f(a) = f'(a)(x - a)$$

【別解】〜接線の傾きの求め方〜

傾きが a で，点$(1, \ -3)$ を通る直線の方程式は，

$$y + 3 = a(x - 1)$$
$$y = ax - a - 3 \quad \cdots\cdots②$$

この直線と放物線 $y = x^2 \quad \cdots\cdots①$ の共有点が1つになればよい。

ここで，①，②より，

$$x^2 = ax - a - 3$$
$$x^2 - ax + a + 3 = 0$$

この2次方程式の判別式を D とすると，共有点が1つなので，$D=0$ となればよい。

よって，

$$D=(-a)^2-4\cdot1\cdot(a+3)=0$$
$$a^2-4a-12=0$$
$$(a+2)(a-6)=0$$
$$a=-2,\ 6$$

したがって，接線の傾きは，**$-2,\ 6$**

---

5 次の各問いに答えなさい。

(1) $\sqrt[3]{4}\times\left(\dfrac{1}{\sqrt{2}}\right)^{-\frac{8}{3}}=$ | **ア** |

である。

(2) 方程式 $\log_3(x-2)=\log_9 x$ の解は

$x=$ | **イ** |

である。

(3) $0\leqq x<2\pi$ のとき，関数 $y=\sqrt{6}\sin x-\sqrt{10}\cos x+1$ は

最大値 | **ウ** |

最小値 | **エ** | **オ** |

をとる。

【解 答】

(1) $\sqrt[3]{4}\times\left(\dfrac{1}{\sqrt{2}}\right)^{-\frac{8}{3}}=(2^2)^{\frac{1}{3}}\times(2^{-\frac{1}{2}})^{-\frac{8}{3}}$

$=2^{\frac{2}{3}}\times2^{\frac{4}{3}}$

$=2^{\frac{2}{3}+\frac{4}{3}}$

$=2^2=4$

答（**ア**）**4**

> 【参考】有理数の指数・指数法則
>
> $a>0,\ b>0,\ m,\ n$ は正の整数，
> $r,\ s$ は有理数とするとき，
>
> ・$a^{\frac{1}{n}}=\sqrt[n]{a}$　　　　・$a^{\frac{m}{n}}=(\sqrt[n]{a})^m=\sqrt[n]{a^m}$
>
> ・$a^r a^s=a^{r+s}$　　　・$(a^r)^s=a^{rs}$
>
> ・$(ab)^r=a^r b^r$　　　・$a^{-r}=\dfrac{1}{a^r}$

(2)　　$\log_3(x-2)=\log_9 x$

真数条件により，

$$x-2>0 \quad かつ \quad x>0$$

これより，　$x>2$　……①

また，底の変換公式を用いると，

$$\log_9 x=\frac{\log_3 x}{\log_3 9}=\frac{\log_3 x}{\log_3 3^2}=\frac{\log_3 x}{2}$$

このとき，方程式は，

$$\log_3(x-2)=\frac{\log_3 x}{2}$$

$$2\log_3(x-2)=\log_3 x$$

$$\log_3(x-2)^2=\log_3 x$$

よって，

$$(x-2)^2=x$$

$$x^2-5x+4=0$$

$$(x-1)(x-4)=0$$

$$x=1,\ 4$$

①より，$x=\boldsymbol{4}$

答　(**イ**) **4**

(3)　$\sqrt{(\sqrt{6})^2+(-\sqrt{10})^2}=4$　より，

α は右図のように，

$$\cos\alpha=\frac{\sqrt{6}}{4}, \quad \sin\alpha=-\frac{\sqrt{10}}{4}$$

を満たす角とする。

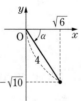

このとき，

$$y=\sqrt{6}\ \sin x-\sqrt{10}\ \cos x+1$$

$$=4\left\{\sin x \cdot \frac{\sqrt{6}}{4}+\cos x \cdot \left(-\frac{\sqrt{10}}{4}\right)\right\}+1$$

$$=4(\sin x\cos\alpha+\cos x\sin\alpha)+1$$

$$=4\sin(x+\alpha)+1$$

ここで，$0 \leqq x<2\pi$ より，$\alpha \leqq x+\alpha<2\pi+\alpha$ だから，

$$-1 \leqq \sin(x+\alpha) \leqq 1$$

$$-4 \leqq 4\sin(x+\alpha) \leqq 4$$

$$-3 \leqq 4\sin(x+\alpha)+1 \leqq 5$$

したがって，y の最大値は**5**，最小値は**−3**

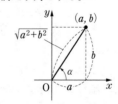
答　(**ウ**) **5**　(**エ**) **−**　(**オ**) **3**

6 △ABC と点 P があり，等式 $3\overrightarrow{AP}+2\overrightarrow{BP}+\overrightarrow{CP}=\vec{0}$ が成り立っている。このとき，次の問いに答えなさい。

(1) $\overrightarrow{AP}$ を $\overrightarrow{AB}$ と $\overrightarrow{AC}$ を用いて表すと

$$\overrightarrow{AP}=\frac{\boxed{\text{ア}}}{\boxed{\text{イ}}}\overrightarrow{AB}+\frac{\boxed{\text{ウ}}}{\boxed{\text{エ}}}\overrightarrow{AC}$$

であり，直線 AP と直線 BC の交点を D とすると

$$\frac{BD}{CD}=\frac{\boxed{\text{オ}}}{\boxed{\text{カ}}}$$

である。

(2) △ABC が1辺の長さ3の正三角形であるとき

$$|\overrightarrow{AP}|=\frac{\sqrt{\boxed{\text{キ}}}}{\boxed{\text{ク}}}$$

である。

【解　答】

(1) $\quad 3\overrightarrow{AP}+2\overrightarrow{BP}+\overrightarrow{CP}=\vec{0}$

より，ベクトルの始点を点 A にそろえると，

$$3\overrightarrow{AP}+2(\overrightarrow{AP}-\overrightarrow{AB})+(\overrightarrow{AP}-\overrightarrow{AC})=\vec{0}$$
$$6\overrightarrow{AP}=2\overrightarrow{AB}+\overrightarrow{AC}$$

$$\overrightarrow{AP}=\frac{1}{3}\overrightarrow{AB}+\frac{1}{6}\overrightarrow{AC}$$

次に，$\dfrac{BD}{CD}$ を求めるために，$\overrightarrow{AD}$ を2通りの方法で表す。

まず，点 D は直線 AP 上にあるから，k を実数として，

$$\overrightarrow{AD}=k\overrightarrow{AP}=\frac{k}{3}\overrightarrow{AB}+\frac{k}{6}\overrightarrow{AC}\qquad\cdots\cdots①$$

と表せる。

さらに，ℓ を実数として，BD : CD $=\ell:(1-\ell)$ とすると，

$$\overrightarrow{AD}=(1-\ell)\overrightarrow{AB}+\ell\overrightarrow{AC}\qquad\cdots\cdots②$$

と表せる。

ここで，$\overrightarrow{AB}\neq\vec{0}$ と $\overrightarrow{AC}\neq\vec{0}$ で，$\overrightarrow{AB}$ と $\overrightarrow{AC}$ は平行でないから，①と②の $\overrightarrow{AB}$ と $\overrightarrow{AC}$ の係数はそれぞれ一致する。すなわち，

$$\begin{cases}\dfrac{k}{3}=1-\ell\\[2mm]\dfrac{k}{6}=\ell\end{cases}$$

これを解くと，$k=2$，$\ell=\dfrac{1}{3}$

よって，BD : CD $=\dfrac{1}{3}:\dfrac{2}{3}=1:2$

だから，$\dfrac{BD}{CD}=\dfrac{1}{2}$

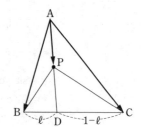

答 （ア）1　（イ）3　（ウ）1　（エ）6　（オ）1　（カ）2

【別解】 上の解き方の $\overrightarrow{AP}=\dfrac{1}{3}\overrightarrow{AB}+\dfrac{1}{6}\overrightarrow{AC}$ において，$\dfrac{1}{3}+\dfrac{1}{6}=\dfrac{1}{2}$ であることに注意すると，

$$\overrightarrow{AP}=\dfrac{1}{3}\overrightarrow{AB}+\dfrac{1}{6}\overrightarrow{AC}$$

$$=\dfrac{1}{2}\left(\dfrac{2}{3}\overrightarrow{AB}+\dfrac{1}{3}\overrightarrow{AC}\right)$$

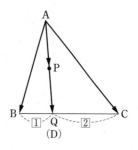

と表せる。ここで，

$$\overrightarrow{AQ}=\dfrac{2}{3}\overrightarrow{AB}+\dfrac{1}{3}\overrightarrow{AC}$$

と定めると，$\dfrac{2}{3}+\dfrac{1}{3}=1$ より，点 Q は線分 BC 上の点である。

また，$\overrightarrow{AP}=\dfrac{1}{2}\overrightarrow{AQ}$ でもあるから，点 Q は直線 AP 上の点でもある。

以上より，点 Q は線分 BC と直線 AP の交点であるから，点 D と一致する。
よって，

$$\overrightarrow{AD}=\overrightarrow{AQ}=\dfrac{2}{3}\overrightarrow{AB}+\dfrac{1}{3}\overrightarrow{AC}$$

$$=\dfrac{2\cdot\overrightarrow{AB}+1\cdot\overrightarrow{AC}}{3}$$

これより，D は辺 BC を 1：2 に内分する点だから，

$$\dfrac{\mathrm{BD}}{\mathrm{CD}}=\dfrac{1}{2}$$

【参考】直線上の点の位置ベクトル

右図の △OAB において，

① 点 P が直線 AB 上にあるとき，

$$\overrightarrow{OP}=s\overrightarrow{OA}+(1-s)\overrightarrow{OB} \quad (s \text{ は実数})$$

と表せる。
すなわち，$\overrightarrow{OA}$ と $\overrightarrow{OB}$ の係数の和が1となる。

② 点 Q が直線 OA 上にあるとき，

$$\overrightarrow{OQ}=k\overrightarrow{OA} \quad (k \text{ は実数})$$

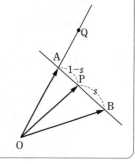

【参考】平面ベクトルの一次独立

平面上の2つのベクトル $\vec{a}$ と $\vec{b}$ が
どちらも $\vec{0}$ でなく，また平行でないとき，
$\vec{a}$ と $\vec{b}$ は一次独立であるという。

このとき，任意の平面上のベクトル $\vec{p}$ は，
実数 s，t を用いて，

$$\vec{p}=s\vec{a}+t\vec{b}$$

と表せ，その表し方は1通りである。

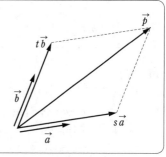

(2) $|\overrightarrow{AB}| = |\overrightarrow{AC}| = 3$, $\angle BAC = 60°$ より,

$$\overrightarrow{AB} \cdot \overrightarrow{AC} = |\overrightarrow{AB}||\overrightarrow{AC}|\cos 60° = 3 \times 3 \times \frac{1}{2} = \frac{9}{2}$$

よって, (1)より

$$|\overrightarrow{AP}|^2 = \left|\frac{1}{3}\overrightarrow{AB} + \frac{1}{6}\overrightarrow{AC}\right|^2$$

$$= \frac{1}{9}|\overrightarrow{AB}|^2 + \frac{1}{9}\overrightarrow{AB} \cdot \overrightarrow{AC} + \frac{1}{36}|\overrightarrow{AC}|^2$$

$$= \frac{1}{9} \times 3^2 + \frac{1}{9} \times \frac{9}{2} + \frac{1}{36} \times 3^2$$

$$= 1 + \frac{1}{2} + \frac{1}{4} = \frac{7}{4}$$

$|\overrightarrow{AP}| > 0$ より, $|\overrightarrow{AP}| = \dfrac{\sqrt{7}}{2}$

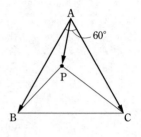

答 (キ) 7 (ク) 2

---

7 次の各問いに答えなさい。

(1) 等差数列 $\{a_n\}$ において

$$a_2 + a_5 = 34, \quad a_7 = 31$$

が成り立つとき, 一般項 a_n は

$$a_n = \boxed{\quad ア \quad} n + \boxed{\quad イ \quad}$$

である。

(2) 数列 $\{b_n\}$ を

$$3, \ 4, \ 2, \ 6, \ -2, \ 14, \ -18, \ \cdots\cdots$$

とする。

(i) $c_n = b_{n+1} - b_n$ ($n = 1, 2, 3, \cdots\cdots$) で定められる数列 $\{c_n\}$ は,

初項　$\boxed{\quad ウ \quad}$

公比　$\boxed{\ エ\ |\ オ\ }$

の等比数列である。

(ii) 数列 $\{b_n\}$ の一般項 b_n は

$$b_n = \frac{\boxed{\ カ\ |\ キ\ } - (\boxed{\ エ\ |\ オ\ })^{n-1}}{\boxed{\quad ク \quad}}$$

である。

【解答】

(1) 等差数列 $\{a_n\}$ の初項を a, 公差を d とすると, 一般項 a_n は

$$a_n = a + (n-1)d$$

よって条件より

$$a_2 + a_5 = (a + d) + (a + 4d) = 34$$

すなわち,

$$2a + 5d = 34 \quad \cdots\cdots①$$

また，

$$a_7 = a + 6d = 31 \quad \cdots\cdots②$$

①，②より　$a = 7$，$d = 4$

よって，一般項は

$$a_n = 7 + 4(n-1) = 4n + 3$$

答　（ア）4　（イ）3

(2) (i) 数列 $\{b_n\}$ の階差数列 $\{c_n\}$ は

$$1, \quad -2, \quad 4, \quad -8, \quad 16, \quad -32, \quad \cdots\cdots$$

であるから，初項1，公比 -2 の等比数列である。

答　（ウ）1　（エ）－　（オ）2

(ii) $c_n = 1 \cdot (-2)^{n-1} = (-2)^{n-1}$ であるから，

$n \geqq 2$ のとき，

$$\begin{aligned}
b_n &= b_1 + \sum_{k=1}^{n-1} c_k = 3 + \sum_{k=1}^{n-1} (-2)^{k-1} \\
&= 3 + \frac{1 \cdot \{1 - (-2)^{n-1}\}}{1 - (-2)} \\
&= 3 + \frac{1 - (-2)^{n-1}}{3} \\
&= \frac{10 - (-2)^{n-1}}{3}
\end{aligned}$$

これは，$n = 1$ のときも成り立つ。

> 【参考】階差数列を用いた一般項の求め方
> 　数列 $\{a_n\}$ の階差数列を $\{b_n\}$ とすると，
> $n \geqq 2$ のとき，
> $$a_n = a_1 + \sum_{k=1}^{n-1} b_k$$

答　（カ）1　（キ）0　（ク）3

---

8 次の各問いに答えなさい。

(1) $\displaystyle \lim_{x \to 4} \frac{3\sqrt{x} - 6}{x - 4} = \dfrac{\boxed{\text{ア}}}{\boxed{\text{イ}}}$ である。

(2) $\displaystyle \lim_{x \to 0} \frac{1 - \cos x}{x \sin x} = \dfrac{\boxed{\text{ウ}}}{\boxed{\text{エ}}}$ である。

(3) 1辺の長さが1の正六角形 $A_1B_1C_1D_1E_1F_1$ がある。右の図のように，正六角形 $A_1B_1C_1D_1E_1F_1$ の各辺の中点を頂点として正六角形 $A_2B_2C_2D_2E_2F_2$ を作り，次に正六角形 $A_2B_2C_2D_2E_2F_2$ の各辺の中点を頂点として正六角形 $A_3B_3C_3D_3E_3F_3$ を作る。以下，同様にして正六角形 $A_4B_4C_4D_4E_4F_4$，$\cdots\cdots$，$A_nB_nC_nD_nE_nF_n$，$\cdots\cdots$ を作り，それらの面積の総和を S とするとき

$$S = \boxed{\text{オ}} \sqrt{\boxed{\text{カ}}}$$

である。

解答

(1)
$$\lim_{x \to 4} \frac{3\sqrt{x}-6}{x-4} = \lim_{x \to 4} \left\{ \frac{3(\sqrt{x}-2)}{x-4} \times \frac{\sqrt{x}+2}{\sqrt{x}+2} \right\} = \lim_{x \to 4} \frac{3(x-4)}{(x-4)(\sqrt{x}+2)}$$

$$= \lim_{x \to 4} \frac{3}{\sqrt{x}+2} = \frac{3}{\sqrt{4}+2} = \frac{3}{4}$$

答 （ア）3 （イ）4

(2)
$$\lim_{x \to 0} \frac{1-\cos x}{x \sin x} = \lim_{x \to 0} \left(\frac{1-\cos x}{x \sin x} \times \frac{1+\cos x}{1+\cos x} \right)$$

$$= \lim_{x \to 0} \frac{1-\cos^2 x}{x \sin x (1+\cos x)}$$

$$= \lim_{x \to 0} \frac{\sin^2 x}{x \sin x (1+\cos x)}$$

$$= \lim_{x \to 0} \left(\frac{\sin x}{x} \cdot \frac{1}{1+\cos x} \right)$$

$$= 1 \cdot \frac{1}{1+1} = \frac{1}{2}$$

【参考】極限値
$$\lim_{x \to 0} \frac{\sin x}{x} = 1$$

答 （ウ）1 （エ）2

(3) 正六角形 $A_nB_nC_nD_nE_nF_n$ の1辺の長さを r_n、面積を S_n とする。右図より、

$$\frac{r_n}{2} : \frac{r_{n+1}}{2} = 2 : \sqrt{3}$$

$$r_n : r_{n+1} = 2 : \sqrt{3}$$

なので、正六角形 $A_nB_nC_nD_nE_nF_n$ と
正六角形 $A_{n+1}B_{n+1}C_{n+1}D_{n+1}E_{n+1}F_{n+1}$ は相似で、
相似比は $2 : \sqrt{3}$ より、面積比は $2^2 : (\sqrt{3})^2 = 4 : 3$ となる。したがって、

$$S_{n+1} = \frac{3}{4} S_n$$

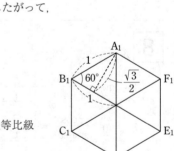

ここで、

$$r_1 = 1, \quad S_1 = 6 \times \left(\frac{1}{2} \times 1 \times \frac{\sqrt{3}}{2} \right) = \frac{3\sqrt{3}}{2}$$

であるから、求める面積の総和 S は、初項 $\dfrac{3\sqrt{3}}{2}$、公比 $\dfrac{3}{4}$ の無限等比級数であり、$\left| \dfrac{3}{4} \right| < 1$ であるから収束する。

これより、

$$S = \frac{\dfrac{3\sqrt{3}}{2}}{1-\dfrac{3}{4}} = 6\sqrt{3}$$

答 （オ）6 （カ）3

【参考】無限等比級数の収束条件

初項 a、公比 r の無限等比級数
$$a + ar + ar^2 + \cdots + ar^{n-1} + \cdots \quad (a \neq 0)$$
の収束・発散は、
① $|r| < 1$ のとき収束し、その和は $\dfrac{a}{1-r}$
② $|r| \geq 1$ のとき発散する。

数学　9月実施　理系　　正解と配点 （70分，100点満点）

問題番号	設問	正解	配点
1	(1)	ア 6	3
		イ 7	
	(2)	ウ 2	3
		エ 3	
	(3)	オ 1	3
		カ 2	
	(4)	キ 2	4
		ク 2	
	(5)	ケ 4	4
		コ 6	
		サ 2	
		シ 7	
	(6)	ス 5	4
		セ 9	
	(7)	ソ ⑦	4
	(8)	タ 8	4
		チ 8	
2	(1)	ア ②	3
	(2)	イ 2	3
		ウ 9	
	(3)	エ 6	4
3	(1)	ア 1	3
		イ 4	
	(2)	ウ 5	3
		エ 3	
		オ 6	
	(3)	カ 2	4
		キ 1	
		ク 5	
4	(1)	ア －	3
		イ 6	
	(2)	ウ －	3
		エ 2	
		オ 6	
		カ 1	4
		キ 6	
		ク 3	

問題番号	設問	正解	配点
5	(1)	ア 4	3
	(2)	イ 4	3
	(3)	ウ 5	2
		エ －	2
		オ 3	
6	(1)	ア 1	3
		イ 3	
		ウ 1	
		エ 6	
		オ 1	4
		カ 2	
	(2)	キ 7	4
		ク 2	
7	(1)	ア 4	3
		イ 3	
	(2)	ウ 1	1
		エ －	2
		オ 2	
		カ 1	4
		キ 0	
		ク 3	
8	(1)	ア 3	3
		イ 4	
	(2)	ウ 1	3
		エ 2	
	(3)	オ 6	4
		カ 3